序

关于"吃货"

吃，常被看做一件挺俗的事儿。如果一个人特别喜欢吃，整天琢磨吃，就难免被周围人说成是个"吃货"，带几分玩笑，也暗含些讥讽。然而世事有变，这几年电视上美食节目大行其道，加之网络语言的强大生命力，"吃货"一夜之间华丽转身，成了爱美食、懂生活的朋友自嘲或互称的流行语，表明的是一种温情随性的生活态度。

其实，"吃"这件事原本不俗，讲究饮食恰恰是一个灿烂文明的重要组成，是对大自然所赐的敬畏和珍视。况且日久天长，润物无声，吃也融进了我们的习俗和文化里。比如，当被问及家里有多少人时，我们回答的常是"三口"而不说"三位"。若是随便翻开一本辞书，不论是《说文解字》还是《现代汉语词典》，按偏旁部首来分，"口"字旁的字几乎都是最多的。它们不仅被用来描述吃态，也用来表达情感，古往今来丰富而灵动的日常生活因而跃然纸上。再看看我们的文学名著，《水浒传》里到处豪吃，《红楼梦》中满纸细品，就连讲述和尚取经的《西游记》也常常用这么一句话引出故事："徒儿呀，为师有些饿了，你去化些斋饭来吧！"

　　再来看看我们的生活。正月十五闹元宵，端午时节吃粽子，无论大节小节几乎都有特定的吃食。孩子出生要吃，定亲结婚要吃，过年团圆要吃，依依惜别要吃，朋友聚会当然还是要吃，甚至我们祭祖上供也一定要摆放上几盘子吃食。再有，拎着点心匣子走亲戚看朋友的经历恐怕谁都有过吧？其中的意味并不在于几块点心，传递的更是份礼数和尊重。

　　吃，对于我们远远不只是充饥，而是融于言行，关乎礼仪，近乎信仰。

　　饮食习俗是一切文明的基础，它最顽强，也最牢固。它化在人们的骨子里，形成一个民族特有的精气神，表现了一个地方的生活之美，之乐，之独树一帜。法国浪漫主义作家大仲马创作了《基督山伯爵》、《三剑客》等三百余卷文学作品。然而，在他生命的最后一段日子里，却选择了美食。他孜孜不倦地吃遍了巴黎大大小小的餐厅，慢慢地吃，默默地想，最终把自己的心得凝练成了一部"能看，可读，好用"的《美食大辞典》。这不仅是美食和文学的一次艳遇，更是法国餐饮文化得以发扬光大的强心剂。

　　一个人可以把外语说得滚瓜烂熟甚至超过母语，但却很难改变娘胎里带来的饮食习惯。背井离乡久居海外的人们，最思念的或许就是小时候奶奶一勺勺喂过自己的藕粉，妈妈塞在书包里的那盒热腾腾的饺子。一个人倘若真的忘了家乡的吃食，那也就真的没有了故乡。而一个民族，若是连饮食习俗都彻底改变了，也就离消亡不远了。

现在很多人倡导国学，讲求回归传统，而所谓传统，本质上应该是生活的传统。生活，无外乎衣、食、住、行。可您看一看，现如今我们穿的衣，我们住的房，我们乘的汽车飞机，乃至我们受之父母的头发，还有多少我们这个文明所特有的痕迹？然而，当我们拿起筷子端起碗，我们发现，碗里的饭菜没有变——她有滋有味，她绚丽多彩，让我们吃下去脚底下生根，心里头踏实。我们的饮食习俗还在，所以我们在。

人们常说饮食文化，而文化无非是先人约定俗成的千百年的规矩。假若有一天，我们吃饭的方式都被彻底改变了，祖先所创立的灿烂文明远离了人间烟火，或作为文化遗产束之高阁，或为小众所把玩，那到底是可喜呢，还是可悲呢？

因此，我试图用文字记录那些最乡土也最普通的吃食，那才是我们文明的根本。

关于"辞典"

这本书说的是吃食，本打算桩桩件件、分门别类地说，所以借用了"辞典"的名头——有词头，略有解释，聊到了吃法，还说了些掌故，甚至为"吃货"们便于寻味而在书后配上了索引。可确切地说，这又不是一本通常意义上的"辞典"，它只是用了一篇篇短文，来描绘中华大地上百十来种最接地气的吃食，以及历练出这些至真滋味的故事。尽管编排上借鉴了辞典的形式，却并不敢下什么定义，仅仅是以词条为线索，把大江南北与之联系的各种吃食乃至人物、店铺、掌故等等串联起来，用短短的千余字展现其中的别样意趣和质朴情感。此外，由于每篇文章不仅限于题目所涉及的那种吃食，还旁及其他，所以在每篇题目下另有若干"提示词"，制成索引表，以方便您查找感兴趣的话题。

还要说明的是，这本书并非菜谱、食单。菜谱、食单讲的是用什么做和怎么做，而本书则关注怎么吃和在哪里吃，也关注和美食缠绵一处的氛围。"人莫不饮食也，鲜能知味也。"在回味那些适口充肠的酸甜苦辣咸的时候，人们往往更为留恋吃东西时的某种意境或心绪。毕竟，那萦绕于心头的滋味，恐怕是再高明的厨师也无法烹饪出来的。

　　既然不是菜谱，也就没有按照菜谱来分类。菜谱的分类通常依据食材种类或是烹饪技法，比如海鲜类、鸡鸭类、凉菜类、面点类，等等。但在我看来，人们对于饮食的感受往往来自于吃东西时的场所：在家吃得踏实、舒坦；在街边小摊儿吃得随性、惬意；而特意到馆子里吃，往往图的是个名气和精细。吃食的况味与场合密不可分，比如同是一碗面条儿，老北京炸酱面唯有在家里吃才透着地道，而兰州的牛大碗吃的就是早点铺子的热闹气氛，个中滋味不尽相同。出于这样的考虑，我别出心裁地把本书分成了"家里吃""街边吃""饭店吃"三个部分。

　　当然，吃东西的地点并不绝对，而且有些传统上家里做或家里吃的吃食现在已被端上了饭店的餐桌或摆进了食品店的柜台，真正在家做的反倒不常见了。然而在许多人心目中，那些吃食却牵系着太多儿时的记忆，饱含着无限亲情和浓浓的家味儿。对于这类吃食，我依旧归为"家里吃"一类。

　　一般而言，辞典是用来查的，很少有人按顺序从头挨着篇读。本书当然也可以这么读——对着目录翻到您感兴趣的那一页，品评一下您好的那一口。不过，想提醒您的是，其实这么

读可能会错过一些有意思的"滋味"。本书词条的排序没有按
照音序或笔画来设，而是"别有用心"。比如"家里吃"一部
分考虑到了荤素搭配，也考虑到了南北兼容，还顺应了四时节
令；"街边吃"一部分则大致依照了早点、午饭、下午茶和夜
宵的晨昏次序；而"饭店吃"一部分则仿效了宴席的上菜顺
序，大致讲究个冷菜热汤的先后，等等。这种排序未必有多么
严格的逻辑性，只是作为一种好玩儿的尝试。饮食是随性的，
阅读也是。

我把那些浸润于美食之中却又洋溢于食材之外的感受点染
于纸上，写成了这本《吃货辞典》，想与您分享普通饭菜里的
温情和爱，分享人间之真味。尽管美味各美其美、众口难调，
然而缠绕其间的亲情与乡情却是相通的。

我非勤行中人，对于"爆炒烧燎煮，煎糟卤拌氽"等等烹
饪技巧只能从一个"吃货"的角度来理解和描述，难免露怯。
幸好这本书并不是写给大厨们的专业书籍，而只是供那些和我
一样喜欢四处寻味的"吃货"朋友们解闷儿的谈资。若有不妥
之处，也就请您多指正，多包涵吧！

目录

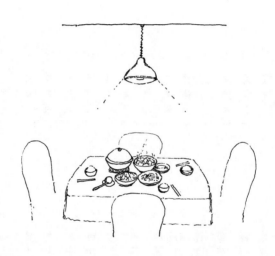

家里吃着舒坦

　　家里的饭菜未必金贵，却吃得安稳，吃着舒坦。那醇厚的家味儿，浸到骨子里，让人心里暖和。

什么是"家"？不同的人有不同的理解。在我们老祖宗眼里，所谓"家"就是房子里有一头猪。这猪是干什么用的？当然是用来吃肉的。从《木兰辞》的"小弟闻姊来，磨刀霍霍向猪羊"到沈炯的"猪蠡窗悠哉"，肥头大耳的猪不仅在古人的生活里，也被古人写进诗文。就连那位以风雅著称的乾隆皇帝，也留下了"夕阳芳草见游猪"的诗句。

猪肉的吃法千千万，普及程度最高的恐怕非红烧肉莫属，堪称最接地气的国菜吧？

红烧肉是家里吃的菜。中华大地从北到南，只要是吃猪肉的地方似乎谁家的媳妇都能做出一锅热气腾腾的红烧肉。红烧肉又不能算是家常菜。对于日子紧的人家来说，天天吃红烧肉只能是个理想，可若真有了钱，连着吃上三天也就腻得不行了。

红烧肉不属于任何菜系，但似乎哪个菜系都有它的影子。山东有咸鲜酱香的鲁味红烧肉，上海有用花雕煮得酥润的本帮红烧肉，苏州有浓油赤酱、甜而不粘的苏式红烧肉，而湖南流行的是红亮微辣的毛氏红烧肉。据说毛泽东不吃酱油，所以地道的毛氏红烧肉是只用糖炒色而不加酱油的。

记得一位朋友从武夷山归来，十分理性地评论了岩茶，然后眉飞色舞介绍开了在茶农家吃的红烧肉："那老柴锅烧出的肉，用岩茶水焯过去腥，加了自酿的米酒，混合着肉香、茶香、酒香，简直香透了！是我这辈子吃过的最香的肉！"

尽管在高档宴席上难觅红烧肉的情影，但她并不是鄙俗者的专利。想当年苏东坡被贬黄州，把微火慢煮红烧肉看成一桩苦中作乐的雅事，以至于专门写了首《猪肉颂》："净洗铛，少著水，柴头罨烟焰不起。待他自熟莫催他，火候足时他自美。黄州好猪肉，价贱如泥土。贵者不肯吃，贫者不解煮。早晨起来打两碗，饱得自家君莫管。"这肉烧得肯定够意思，要不苏老先生也不会大早起来连吃两大碗呀！

后来苏东坡带着这嗜好回到杭州任知州，柔火慢煨出的红烧肉也最终演变成了杭州名菜"东坡肉"并流传至今。那一块方方正正的大肉，红润油亮，装在特制的小盅里像小孩拳头一样颤巍巍的，吭哧一口咬下去顿觉脂溢满腮，任那渗着浓香的油汁从嘴角恣意流淌。

尽管各地都叫"红烧肉"，但做法却无一定之规，唯一的共同之处是必选五花三层的猪肋条。烧肉不但可以用水，还可以用绍酒，甚至啤酒。黝黑黝黑的大铁锅，先用大火烧开半小时，再改用小火慢慢焖着，焖的时间越长越出味儿。那份醇厚完全仰仗着漫长的时间和踏踏实实的功夫。直焖到作料的味深入到瘦肉的每一丝纤维、肥肉的每一颗油滴里，才能烧出妙不可言的极品。盛进大碗带着热气端上来，整个家里都香透了。

有人把肉炸了再烧，这样做的肉不会收缩，看着漂亮，而且省火。不过炸过之后油会封在肉里，吃上两小块就难免腻了，而且口感也不够软烂。对于吃肉，首先是味，其次是香，再次才是色。好的红烧肉入口松润，咬上去有微弱的抗拒力，稍微一咀嚼就已酥烂无形。

有些地方烧肉要加各种配料，比如冬笋烧肉、梅干菜烧肉、栗子烧肉、百叶结烧肉、鳗鲞烧肉等等。不过，至醇至纯的红烧肉只用鲜酱油和冰糖慢慢地焖，那才算得上是三个月忘不掉的肉味。

青团

青圆子

清明果

清明时节，当你冒着细雨徜徉于江南小镇，也许会在小桥流水旁见到一位阿婆，撑把大伞坐在竹凳上。她身边会摆着一个筐箩，里面整齐码放着一颗颗核桃大小、青翠碧绿的大号翡翠豆，微微冒着热气。你买上一颗，咬上一口，那糯糯的清香必会粘住你的记忆。这就是青团。

"捣青草为汁，和粉做粉团，色如碧玉。"袁枚笔下的青团，是食，更是诗。

青团俗称"青圆子"，唯有江南有，而且唯清明前后才有，有人也叫"清明果"。能吃青团的日子就那么十几天，所以江南人格外珍惜，仿佛只有吃过几颗青团，才算真的进了春天。

青团大致有两种：一种绿得明澈，绿得透亮。这青翠的绿是冬小麦的嫩芽经石灰水处理而成的。清明时节，田野里刚滋出芽的麦田上笼罩着一抹如云的翠绿。人们割下两寸来长的嫩芽，用石灰水浸泡，漂去苦涩，捞出捣烂，榨出麦青汁，和七分糯米掺三分粳米磨成的粉，裹着细腻香甜的豆沙或枣泥，还要加上一小块猪油，团成一颗颗圆球摆在芦叶上，再放进笼屉里蒸。约莫半个多小时，缕缕清香顺着笼屉边缘飘出来，揭开盖子，烟雾升腾，一笼热腾腾的翡翠疙瘩颗颗精神抖擞，让人喜欢。等雾气略微散散，用小毛刷涂上一层很薄的熟菜油，就成了光滑软糯的青团。

麦青汁做的青团看着漂亮，不过细品起来会隐约有股淡淡的石灰味儿。相比之下，另一种用艾草做的青团则更醇正，也更自然，尽管看上去未必漂亮。

江南的艾草甚是清香——清得透彻，香得浓烈，以至于江南人新婚前有用艾草沐浴的习俗。把艾草洗净、焯水、剁烂，然后和上糯米粉，可以做出清香筋道的艾草青团，黏稠里包裹着彻骨的甘甜。

做青团的艾草也有两种：一种是艾蒿，叶如丛丛鸟羽，做出的青团绿得深沉，闻起来有股别致的艾香；另一种是黄花艾，长长的叶子上有嫩白的绒毛，做出的青团绿得淡雅，有着菊花叶般淡淡的气息。艾青团不仅有甜的，还可以有咸的——那是用雪菜、笋和肉做成的馅料，清香裹着肥润，正如江南的泥土。

现在的青团多为买回来吃。可按照旧俗，青团是乡村或者城里老街巷里的主妇在自家做的。可以温热着吃，也可以放凉了吃。做得好的青团即使放上几天几夜也不裂，不破，不变色。

早先，青团是江南清明节祭祀祖先的贡品，更是寒食节必不可少的冷食。明代郎瑛《七修类稿》里说："古人寒食，采桐杨叶，染饭青色以祭，资阳气也。今变而为青白团子，乃此义也。"在传承至今的节日里，唯有清明是以节气兼节日的大节。清明前的一两天就是寒食节。

寒食，人们熄火冷食祭亡；清明，人们取新火踏青游春。禁火是为了出火，祭亡意在佑生。清明过后，天地明澈，空气清新，万物勃勃。青青的时光里咬一颗青团，任草香荡漾在唇齿之间，一转身，哇，春深已似海！

青团的味道，是四月的味道，是江南人家的味道。若忆江南，就吃上一颗绿油油的青团吧！

春饼 炒合菜 炒合菜盖帽儿 盒子菜 十香菜 春卷

　　春饼，手掌大小，薄如宣纸，烙的时候两张一对，吃的时候一揭两张。

　　在清代，京城里上至皇亲国戚下到百姓，立春这天都要吃上口春饼，称做"咬春"。溥仪就曾一连吃下六个春饼，领班太监怕他撑着，叫两个太监左右拎着胳膊像砸夯似地在砖上蹾他消食儿。

　　春饼并不直接干吃，必得配上特产时蔬烹炒的菜肴卷起来吃才能叫咬春。这种传统古已有之，《唐四时宝镜》里记载："立春日，食芦菔、春饼、生菜，号春盘。"杜甫的《立春》里也有"春日春盘细生菜，忽忆两京梅发时"的诗句，都说的是这个习俗。

　　吃春饼通常要配炒合菜。两盘炒菜一荤一素，荤的是蒜黄、肉丝炒粉丝，这不算稀奇，而另一盘素菜才是春饼的精华。那里有只属于初春的珍味——青韭和火焰儿菠菜，所谓"咬春"，正体现在这两样时鲜上。

　　青韭在冬天的暖房里培育出来，只要切上几根就能满屋子芳香走串。吃上一口鲜辛的青韭，能把漫长冬季里积存于五脏六腑的浊气驱赶出去，让人焕发出勃勃生气。火焰儿菠菜更是只在早春才出产。碧绿的叶子短粗肥嫩，中央有一簇娇嫩的黄心，菜根处火红夺目。拾掇这种菠菜只能用手掰，绝不能用刀切，一切就沾染上铁器味儿，菜之鲜美大打折扣。

两样时蔬准备停当，和绿豆芽一起旺火爆烹，点上香醋和香油，立刻起锅，让菜刚刚熟而不塌秧，看上去精神，吃起来利落。讲究一点的，两盘菜要分开盛，吃的时候可以根据喜好各取所需。若是为图省事，盛在一盘子里也没问题，再摊个金灿灿的大鸡蛋饼盖在上头，就叫做炒合菜盖帽儿。这么一来，不仅应了典，还透着和和美美。

春饼的吃法丰俭由人，除了炒合菜，还可以配各种冷荤。最基本的要数切成条的松仁小肚儿和切成丝的酱肘子。若想再丰盛些，那可添的冷荤就太多了，比如炉肉丝、口条丝、酱鸡丝、火腿丝……甚至还可以用酱制的大排骨条，美其名曰"雁翅"。这些冷荤全被切成丝或条，是为名副其实的"脍不厌细"，寓意着一年里顺顺当当。

按老传统，春饼都是在家里吃的。老北京曾有专门卖各种冷荤的店铺，称做"盒子铺"。因为那些冷荤是盛放在一种专用的朱红扁圆的漆盒里，根据客人的需求搭配上不同的品种往各家各户送外卖的。这种店铺现已绝迹。

冷热荤素准备停当，把烙好的春饼一揭，手上托着一张先抹上些甜面酱、香油，垫上几根伏地羊角葱丝。讲究的还可以衬上所谓"十香菜"，就是酱苤蓝丝和生姜丝。再夹上两根青韭之后，根据喜好添上各色菜肴，把筷子放在中间，顺筷子卷成个细细的圆筒，抽出筷子，一个春饼就做成了。或者，可以卷上些用香油炒透的干烂豆腐，也是不错的风味。卷成的春饼整齐直挺，吃到最后也不能松散或滴出汤来。

立春时节，南方也有一种咬春的吃食叫春卷，是把肉丝和新挖的荠菜或者韭黄、冬笋丝加上调料，用半透明的春卷皮包裹成直筒，再下进温油锅里炸得焦黄酥香，吃起来皮脆馅嫩，丰腴而利口。

无论是春饼或是春卷，都洋溢着鲜爽和滋润。春天，就是这么实实在在用牙齿咬到的。

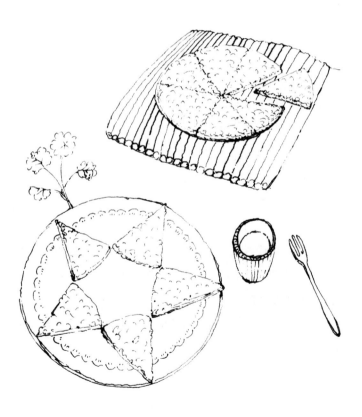

糊饼

小虾糊饼

　　在意大利旅行时，看见琳琅满目的比萨饼，不由得和旅伴闲扯起马可·波罗如何把馅料放在烙饼外面引进那不勒斯，从而发明出这种风靡世界的美味。不过，这只是中国人自己编的故事。事实上早在公元前三世纪，在罗马的历史书中就提到"薄面饼上面放奶酪和蜂蜜，并用香叶加味"的烙饼方法。近年来，考古学家还在庞贝古城遗址发现了类似现在比萨店的作坊。话又说回来，中国倒是有像比萨饼那样把馅儿放在上面的饼，这就是糊饼。对此，我那些同车的旅伴竟没人听说过。

　　糊饼只在华北有，相对集中在河北和北京通州一带，特别盛行于大运河流经的地域。做糊饼不能用白面，而是要用玉米面，也叫棒子面。如此看来这种饼和马可·波罗没什么关系，因为玉米是明末才引进中国的。有意思的是，做其他饼都叫"烙"，而唯独做糊饼叫做"打"——打糊饼。至于为什么这么叫，有人说是源于做糊饼的时候要把面糊摔在饼铛上迅速用手拍打的手法，也有人讲是因为做糊饼不能像烙饼那样来回翻个儿的缘故。到底哪种说法更准确，没有人深究过。

    别看糊饼是农家粗食，但打好了并不容易。正如荷花淀派作家刘绍棠在《打糊饼》一文中所写的："打糊饼虽是运河滩农家一年四季最平常的吃食，却不是哪个媳妇都有这门手艺。"将细箩筛过的好棒子面舀到瓷盆里，浇上温水，用筷子搅和成疙瘩噜苏的稠糊。将灶台上的大铁铛烧得发烫，均匀地涂抹上一层素油，等油微微一热，用手抓起一把面糊"啪"的一声摔在饼铛中央，赶紧可着饼铛用手掌匀溜溜地拍平整、按瓷实，摊成一张大大的圆饼。这饼是越薄越好，因为越薄烤得越透，吃起来也越酥脆，越醇香。这门手艺的要诀不仅仅在于摊出一张薄饼，还必须看好时机，在面糊微微有些发干却又没干透的时候把馅儿均匀地抹上。

    糊饼的馅儿有很多种，可以是剁碎了挤干水分掺进面酱的白菜，还可以用礤成细丝和上五香粉的萝卜……不过最经典的还得说是虾米皮、鸡蛋拌韭菜的。

    乳白色的虾米皮用温油煸得金黄喷香，鸡蛋打散后炒得嫩黄，拌上切成细末儿的春韭搅匀了，用勺子麻利地撒在饼面上，盖上锅盖，只需几分钟，烘烤玉米的焦香气混合着春韭特有的馥郁清馨就会从盖子的缝隙里蹿出来。

　　一张糊饼直径足有两尺多，做熟后不能盛在盘子里，而是整张放在盖垫儿上。能趁热把饼完整地取出来需要技术，必得把盖垫儿斜依在饼铛边上，用铲子小心翼翼地转着圈翘起滚烫的糊饼，悠着劲儿平托上来，同时把盖垫儿一点点往下顺，直到把一整张大饼完整地托在上面，形状不能变，馅儿也不能撒。糊饼用刀切成一牙一牙的，就这么上桌。

　　薄薄的糊饼托在手上，带着锅气热热地咬上一口，上面的馅儿鲜嫩，下面的饼焦香。这口味，翻译成意大利语，或许可以叫田园比萨吧？

　　白洋淀一带清明前后会吃一种小虾糊饼，用的不是虾皮，而是淀子里捕来的鲜活小虾；拌的也不是韭菜，而是淀子里捞来的水生苲菜——很嫩，很脆。烤得的糊饼焦酥金黄，上铺着翠绿的苲菜，点缀着嫩红的小虾，吃起来鲜香中带着股微微的水腥气，仿佛轻吻着白洋淀微波的涟漪。

一说吃肘子，人们脑海里闪现的多半是条"水浒"式的英雄好汉——攥着大肘棒，端着老白干儿，大碗喝酒，大块吃肉，狂吃豪饮，好不痛快！的确，肥硕的肘子通常是餐桌上那道最硬的挡口菜，无论山东的锅烧肘子、四川的豆瓣肘子，还是江南的东坡肘子、陕西的带把肘子……然而事有例外，镇江有道用肘子做的冷荤小菜，看上去晶莹透气，吃起来有股别样的爽利，堪称厚味中的玲珑神品，这就是号称"镇江一大怪"的肴肉。

相传三四百年前镇江一个酒铺老板错把做鞭炮的硝当成咸盐腌了肘子，腌得是肉质结实鲜红，肉皮晶莹明亮。老板舍不得扔，洗净硝粉加上老卤焖煮，不想误打误撞竟然发明出一道别致美味，遂起名"硝肉"。后来人们觉得这个名字有些别扭，于是改用了佳肴的"肴"字，写成了"肴肉"。切成薄片的肴肉，卤冻晶莹，肉色绯红，入口精细柔韧，那股异样的香爽不由让人舌头微微一振，再蘸上泡了姜丝的镇江香醋，实乃不可多得之美味，难怪曾被选做"开国第一宴"的冷菜主碟。

　　肴肉虽美，做起来不易。且不说工艺之复杂，单是硝的用量就很难掌握，而且腌制时间还要根据气候随时变化。要吃肴肉一般只能去饭店。不过没关系，北方人在家里也可以做出一道和它类似的冷荤，那就是水晶肘子。

　　闷热的三伏天宅在家里，把拾掇干净的肘子剔骨头焯透，和煮过的猪皮一起放进大海碗里。花椒和小茴香包进纱布包也放进碗里，配上葱、姜等调料，对上温水，放进笼屉上火慢慢地蒸。之后酣眠一晌，任笼屉下的水"咕嘟嘟"沸腾着，水雾裹着肉香弥漫在厨房，也飘进梦乡。

　　待到睡眼惺忪地醒来，揭开盖子，大海碗里清汤中浸着的肘子已然酥烂，肉皮也变得黏软柔韧。捞出肘子和肉皮稍稍晾凉。再把那小半碗拉粘儿的汤汁拣出葱、姜，仔细地过了细箩浇回肘子上。放进冰箱冷冻上一宿，第二天端出来一瞧，已然变成了一碗晶莹洁白的水晶冻儿。倒扣在案板上用快刀切成飞薄的大片儿，调好一小碗料汁，就可以成龙配套地上桌，让一家人享用醇厚中透着清爽的水晶肘子了。

　　夹起一片儿瞧瞧，可以透过晶莹的冻儿看见后面的景物，中间镶嵌着微黄的肉脂和红润的肘花，让人垂涎欲滴。若是蒸之前加些绿豆和白矾熬煮上一会儿，那就成了所谓绿豆肘子：颜色微微泛绿，散发着绿豆的清香，看上去心旷神怡，吃起来更为消暑。

蘸肘子的料汁也有说道。最简单的是"三合油"，也就是用香油、酱油、醋掺和成的混合油，通常还要加进颠好的蒜泥。若是讲究，也可以把几粒花椒放在香油里炸得焦煳，将滚烫的花椒油浇在碗里的酱油、醋上，只听"刺啦"一声，白雾升腾，泛起一股浓烈的麻香。

料汁可不能直接浇在肘子上，讲究要蘸一片吃一片才更是味儿。若是浇在上面，没过多久泡上料汁的部分会腌得偏咸而易化，没沾的部分又缺滋少味。若是蘸着吃，每一片清爽的肘子都裹挟着醇厚腴润，浓香中透着清鲜。

水晶肘子虽为大荤，吃起来却毫不油腻。闷热的三伏天吃上几片，既补充了被暑气消耗的体力，又带来一缕温润的清凉，多么惬意！

　　吃，从来是和礼仪紧密相关的。这些礼仪不仅关联时令节俗，更包括人生大事，比如出生、做寿、过世。北京人办这三件大事都讲究吃面条儿，有所谓"人生三面"之说，而这三顿面无一例外都要吃打卤面。

　　过生日吃"长寿面"的传统现在仍然在，不必多说。老人过世，三日之夕初祭，称为"接三"，悼客要吃"接三面"，意味着对逝者缅怀之情悠悠不断。这种风俗现在一些人家还有。与之相对的婴儿出生后第三天"洗三"的习俗已经彻底消失了。不过在早年间，上至王公贵族下到平民百姓，这项仪式必不可少，不仅是为了洗净婴儿身上的污垢，更寄托着一家人对孩子的祝福。

　　参与洗三仪式的来宾通常只限于至亲密友，时间一般选在下午。百姓人家把铜脸盆擦洗干净放在炕上，盛上用槐枝、艾叶熬的热水，就可以为孩子"洗"了。

　　仪式开始，大家按照长幼辈分遵礼如仪，或往盆里加一勺清水祝愿孩子聪明伶俐，或添上几枚莲子、桂圆讨个"连生贵子"的口彩，还可以放上几枚银元或硬币图个吉利……

之后，奶奶或姥姥就开始轻手轻脚地给婴儿擦洗，嘴里还念叨着吉祥话儿："先洗头，做王侯；后洗腰，一辈更比一辈高……"婴儿哇哇一哭，大家笑逐颜开，一段崭新的人生就这么在欢乐中起航了。

洗过之后，主人家必要招待来宾们吃上一顿香醇的打卤面，共同祝福婴儿长命百岁，一生顺顺当当，这就叫做"洗三面"。

说到打卤，一般说来，在北京凡是蔬菜做的浇头不勾芡的叫汆儿，勾了芡的才称卤。比如既可以有茄子汆儿面、菠菜汆儿面，也可以有茄子卤面、菠菜卤面。但打卤面的卤并不是简单的卤，而是按照一种特定工艺精心熬煮出来的。

首先，要把猪硬肋切成大薄片儿下到滚开的水里焯，舀出浮沫儿后再将调料包下到滚开的锅里一起煮。调料不光是花椒、大料，还要按照中药的配伍原则配上砂仁、白蔻、丁香等不下十几味香料，同时根据季节相应调整。煮肉的工夫是漫长的，为的是让肉的浓郁和调料的馨香充分交汇，尽数融在汤里。咕嘟半个多钟头后汤煮得差不多了，对上口蘑汤，加上葱、姜，还有泡发的木耳、黄花、海米、干贝、玉兰片、洗净的口蘑，点上酱油接茬儿再熬，直到用筷子在大肉片儿上轻轻一杵，能出个窟窿，才算熬透。勾上薄薄的米汤芡，汤汁顿时显得光泽滋润。熄了火，把打好的鸡蛋液小心浇淋在滚烫的汤上。顷刻间，一朵朵薄薄的蛋花在棕红色的汤中弥撒翻滚，黄白相间，如纱如云。点上几滴喷香的香油，一锅香醇的卤就算打成了！

吃打卤面讲究卤多面少。盛上半碗面，浇上半碗卤，品尝的就是卤的醇香。不能搅拌，就那么边喝卤边吃面，感觉才更是味儿。若是一拌，卤就澥了，韵味全失。吃打卤面不能加醋，也不放其他菜码儿，这样才能充分体味打卤的滋味。

打卤面是代表北京人家的面，不仅因为其味美，更由于它饱含着北京人的礼数。当然，今天想吃这口不必非等到办什么大事，随时都可以自己动手做上一碗，在解馋的同时品味人生中的每一天。

炸酱面

宫廷四大酱

炒西葫芦酱

秦椒酱

锅挑儿

面码儿

27

　　常有朋友问我:北京哪家馆子的炸酱面最正宗？这个问题还真不好回答。因为北京街头出现专门的炸酱面馆子也就是近几年的事。在早先，炸酱面都是百姓居家过日子的家常饭，进不了馆子，也不算是街边随便点补的小吃。

　　炸酱面的最大特色当然在于酱。北京人擅长吃酱很大程度上是受了旗人影响。努尔哈赤曾"以酱代菜"来强化部队给养，后来清宫御膳上更是四季离不开酱——春天吃的是"炒黄瓜酱"，夏天要有"炒豌豆酱"，立秋以后上"炒胡萝卜酱"，到了冬天讲究要吃"炒榛子酱"，这就是所谓"宫廷四大酱"。不过这些酱并不是调料，而是精致的压桌小菜。

　　这种癖酱的食俗逐渐传进百姓人家，四合院里的餐桌上出现了可以和宫廷四大酱媲美的炒西葫芦酱和秦椒酱等等带着浓郁酱香的家常菜。炒西葫芦酱是用炒熟炒透的京黄酱放进葱姜烧�西葫芦丁儿，吃起来软烂鲜香，酱香十足。秦椒酱是把鞭黄瓜丁儿、香菜末儿和切碎了的鲜辣椒一起拌上京黄酱调匀了，再撒上葱花和蒜泥。秦椒酱通常配着窝头现吃现做，是非常刺激食欲的"穷人美"，要不怎么叫"窝窝头就秦椒，越吃越上膘"呢？

家常便饭没那么精细，通常是亦菜亦饭的一大碗，于是有人家擀面、抻面，把京黄酱炸透了再配上面码儿拌面条儿，日久天长形成了一套规矩讲究，也就发展成了后来京城里最接地气的名吃炸酱面，可算是将就中的讲究。

炸酱可以单用京黄酱，也可以加些甜面酱。大豆酿的黄酱是醇香的，白面酿的甜面酱透着丝丝鲜甜，再放上有肥有瘦的大肉丁儿，荤素搭配，不紧不慢地炸上半个多钟头，火候到家时撒上喷香的葱花。用这样的酱拌面怎不让人感觉甘沃肥浓，香溢齿颊。炸酱还可以有许多变化，比如用炒鸡蛋代替肉的木樨酱，还有茄子丁炸酱、黄瓜丁炸酱，甚至可以用里脊、虾仁、玉兰片炸成鲜美的三鲜酱等等，种种滋味各不同。

酱炸好了，自然要拌面。北京人吃面除了三伏天要过水凉吃以外都讲究吃"锅挑儿"，就是刚出锅的面挑到碗里浇上佐料立刻进嘴。唯有这样，才能充分体现面条儿的利落。若是怕面坨了，还可以浇两勺用开水冲泡的虾皮汤，不但嘴里透着顺溜，而且味道也更鲜了。

吃炸酱面一般要配上不同的面码儿。面码儿并不是花样越多越好，而要讲究个"顺四时"。比如清明前后刚滋出嫩芽的香椿，切一点细细的末子撒在碗里，整个屋子都清馨无比。新摘的小萝卜切成丝当面码儿，其清爽甜美是其他菜蔬无法比拟的。三伏天里配炸酱面吃的当然是顶花带刺的黄瓜。很多人吃黄瓜并不切，而是端着碗面，举着根黄瓜，吃两口炸酱面咬一口黄瓜，既便利又开胃。若是进了十冬腊月，外面冰天雪地，待在家里趁热吃碗炸酱面，配上开水焯过的大白菜头丝，浇上腊八儿醋，就上两颗腊八儿蒜，吃下肚去那叫一踏实。若再讲究，可以配上熏鸡丝、酱肚丝、火腿丝、纯黄花鱼肉烘制的鱼片……一碗朴素的炸酱面却也做得滋润调和、包罗万象，如同一段美妙的皮黄，蕴含着北京人的乐呵。

现如今，老北京炸酱面悄没声儿地火了，好像提起北京的吃儿，除了烤鸭、涮羊肉，紧跟着就这碗原本是居家过日子的家常饭。这不，就连美国副总统拜登先生来北京不也得抽空去尝一尝吗？

猫耳朵

圪垯儿

晋阳饭庄

　　北方人爱吃面，尤其爱吃家里手工做的面，或抻，或擀，或拉，或切……总觉得比买来的挂面或切面吃起来更顺溜儿，更筋道。可无论抻面还是切面，都是练就的手艺，老人做不动了，年轻人又多半不会。我家那根一米多长的祖传擀面杖就靠在墙角儿，闲置了十几年。

　　然而有一种面，不抻不切，也无需专门的技术，几乎是个人就能做，吃起来还非常柔韧利口，那就是"猫耳朵"，在山西、河北和内蒙古的一些地方也叫"圪垯儿"。

　　猫耳朵的做法非常简单。冷水和面略加些盐，几揉几醒后揉滚成手指粗的细长条儿，切成指甲盖大小的剂儿，然后放在撒了扑面的案板上用大拇指顺势一捻，面剂儿立刻两头翘起来，卷曲成片，酷似一只小巧玲珑的猫耳朵。为了提高效率，可以双手齐上，左右开弓，一会儿就能捻出一大堆。若是改良一下，在案板上垫张寿司帘或盖垫儿，鼓起的外表还能印上漂亮的螺丝纹，看上去和意大利贝壳面似的。这个工作充满情趣，连小孩子都喜欢参与。不过这并不是最传统的做法。若按古法，无需案板，只要用左手无名指和中指夹住粗面条，右手揪下来一块面丁放在左手心上一捻就成了，感觉像是揪片儿，可又比揪片儿容易。

人们把小麦磨出的粉叫做"面"。有意思的是，在北方若不特别说明，一般说的吃"面"又专指吃煮的面条儿，而不是馒头。即使真的熬一锅面糊也不能叫吃面。这就怪了，长着眼睛的"面"字本来是指人的脸，怎么就变成细长的面条儿了？

其实，1956年之前这两个字是有区别的。面粉的面写做"麵"，是一个"麦"加一个"面"字。《墨子》上说："见人之作饼，则还然窃之。"看来古时候的饼是模仿人脸做的。古人煮着吃的面最初也不是面条儿，而是所谓汤饼、煮饼，是把和好的面揪成袖珍饼子似的小圆片儿放进开水里煮，就成了煮着吃的面，这就是最初的揪片儿。把那小面团在手心里捻一捻下锅，就变成了猫耳朵。后来工艺日趋复杂，面团揉成筷子粗细，一尺一断，在盘里用水浸着拿到锅边上搓成韭菜叶似的下锅，就叫做"水引饼"，再后来就抻成长长的面条儿了。然而人们的语言习惯没有改，仍然把这种吃法叫做煮"面"。就这么着，纤细的面条儿和人脸搭上了关系。

猫耳朵是古朴的吃法，吃起来非常随意，妙趣横生。可以煮着吃，炒着吃，焖着吃，也可以烩着吃，煨着吃。

先说煮。猫耳朵煮熟后浇上各种浇头，像吃面条儿似地一拌，可以浇尜儿，也可以浇卤。菜蔬和肉下锅翻炒后加些汤水熬上片刻，比如茄子尜儿、鸡蛋西红柿尜儿、柿子椒尜儿。若是这尜儿勾上芡，也就成了卤。在山西也叫各种"调和"。

再说炒。猫耳朵煮到八成熟捞出来，算干水分放上荤素菜料煸炒，相当美味。可配以炒青红椒、豌豆和鸡蛋，也可配以炒韭菜、肉丝和虾仁，甚至可以放火腿、冬菇和笋片……随心所欲，尽情发挥。

若是先把扁豆、萝卜等等菜蔬炒好了，再把煮得半熟的猫耳朵倒在菜上盖锅焖上一刻钟，待到香气顺着锅盖蹿出来，揭开盖子点上酱油搅拌均匀，卷曲的小窝窝里吸足了汤汁，滋味饱满，吃起来更是鲜香滑润，嚼头十足。

简便的猫耳朵谁都可以在家做出来——体验一面百味的化境，享受创造的乐趣。难怪老舍先生在纪晓岚故居的晋阳饭庄吃过猫耳朵后专门写诗赞叹："驼峰熊掌岂堪夸，猫耳拨鱼实且华。"

香椿鱼儿　　腌香椿　　香椿豆

　　北方的早春青黄不接，时令鲜蔬难得一见。然而，香椿树上滋出的嫩芽却是唯有这个时节才能享用到的俏菜。

　　在北京，吃香椿的传统由来已久。金代的《中都杂记》里说："春日燕地以椿为蔬，喜之叶鲜味佳，实为上品。"明代谢肇淛的《五杂俎》也记载着"燕齐人采椿芽食之以当蔬"的习俗。香椿是种很长寿的树。《庄子》上讲："上古有大椿者，以八千岁为春，八千岁为秋。"八千岁未免有些夸张，不过爷爷小时候种的树孙子长大了还在吃确是常有的事。北京城里有许多高大的香椿树，每年郁郁苍苍，给古老的都城带来了一春又一春。

　　"雨前香椿嫩如丝"。谷雨前后是香椿芽最嫩最鲜的时节。肥润的春雨让院子里的香椿树上变戏法儿似地滋出一簇簇紫红肥嫩、光亮油润的小芽，馨香顺着窗缝飘进屋里。等到小芽长到两寸来长，芽叶中央略微变绿的时候，主人就会举着长竿打落下来，品味这至浓的春意。在北京话里，吃香椿被说成"吃春"，这可不是单单为省个字，而是在人们心目中实实在在吃到嘴里的四时节令。

香椿吃法很多。有香椿炒鸡蛋、香椿拌豆腐，也可以焯熟了切成小粒和焖得稀烂的黄豆拌在一起，点上几滴香油做香椿豆。不过最经典的吃法还得说是外酥里嫩的炸香椿鱼儿了。

调好的面糊加上苏打后略微饧饧，再和进少许素油。刚摘下来的香椿挑嫩芽洗净后用热水稍稍一烫，立刻变得翠绿。掸上干面粉蘸匀面糊，放进温油里炸。等到一颗颗裹着面糊的香椿在油锅里浮起，变成条条金黄灿烂的小鱼儿，赶紧用笊篱捞出来控净了油装在盘子里，撒上些椒盐，金裹翠玉般的香椿鱼儿就算做成了。拿筷子夹上一条，别急，小心烫，先用嘴轻轻吹吹，慢慢一咬，顿时满口异香从齿缝中窜入肺腑，每个肺泡里都充盈了春的气息。

香椿鱼儿格外鲜美的道理在于，吃香椿图的就是那股子鲜浓独特的香气。裹上面糊一炸，香气被油温迅速逼出，包裹在鼓起来的面皮气囊里，吃起来自然是鲜沁肺腑，春香独具。若是用香椿烙饼，半天不熟，香气都蒸发完了，尽管放的香椿多，吃起来反倒不那么香，实在有些暴殄天物。

吃香椿的习俗不仅北京有，华北、西北地区也很普遍。陕西关中地区由于盛产香椿甚至用其来做馅包饺子、包子。

　　俗话说:"门前一树椿,春菜不担心。"其实香椿不只是春菜,打下来的香椿如果多得吃不了,可以用盐揉搓了储藏在坛子里做成咸香爽口的腌香椿,那可是四季皆宜的佐餐小菜。一坛腌香椿能够供一家人吃上一整年。坛子空了,香椿树上就又滋出了鲜嫩的芽叶。

　　香椿对北京人来说不仅仅是一种蔬菜,更是生活的一部分。从前,它是素席上的佳品。尽管这些年香椿树越来越少,但它们却早已扎根在这座古城的深处——它在北京大街小巷的名称里:长椿街、椿树街、椿树巷,还有香椿胡同、椿树院、椿树馆……它也在老奶奶哄小孙子玩耍时哼唱的童谣里:

　　小椿树,棒芽黄,掐了棒芽香又香。炒鸡蛋,拌豆腐,又鲜又香你尝尝。

窝头

仿膳

　　提起窝头，现在城里的孩子们未必都吃过。即便偶尔吃吃，也大多是餐厅或主食厨房里加了白面或者豆面的改良版，而不是当初自家蒸的热气腾腾的黄金塔。真正的窝头是纯棒子面的，足有一个拳头大小，上尖下圆，底下正中间有个大窝窝，现在很少见到。要搁几十年前，这种朴素的窝头却是京城底层市民的当家饭。一年三百六十五日，能有几天不吃窝头呢？恐怕加起来也就过节、过年和老人做寿那么有数的十几天。穷苦人家就连小孩子上学带的早点也常常是缝个布袋子装上半个窝头搭上块老咸菜。

　　棒子面是玉米磨的粉，很多地方也叫玉米面。玉米原本舶来品，明朝时候才远渡重洋传进中国。当时老百姓可吃不上，因为那是进贡到宫里的贡品，以至于直到今天在一些方言里还能够领略它当初的稀罕劲儿。比如苏州话就把玉米叫成"御麦"。直到乾隆年间，玉米依旧是皇家御用的精品粮。那时候有本叫《盛京通志》的书，上面记载着玉米是"内务府沤粉充贡"用的。

　　后来到底是由于吃玉米变成了普遍的时髦，还是因为这种源自美洲的高产作物太适合我们这片土地了，不得而知。反正到了清末，在北方辽阔而干旱的农田里到处长满了玉米，原先的贡品迅速放下身段掉进了老百姓的饭碗，进而又便宜到成了平民的看家粮。看来在吃的问题上，我们从来不排外，能填饱肚子的粮食就是好吃食。

农村吃玉米的最佳方式是用棒子面和成稠糊，贴在大柴锅的内壁上做成巴掌大小的贴饼子，柴锅底下再熬上半锅棒子面粥，有干有稀。贴饼子焦香扑鼻，棒子面粥透着淳朴的甘甜。

京城里没有大柴锅，只能是买了棒子面回家上笼屉蒸成大窝头。很多贫苦人家成年累月只吃这个。窝头就咸菜、窝头熬白菜……改善生活怎么办？把窝头切成丁儿，放点葱花和虾米皮上锅一炒，就是一顿美美的炒窝头。当时的街坊邻居里经常听见有叫"窝头李"、"窝头张"的，这可不是说那位李爷或张爷是卖窝头的，而是说他们穷得天天在家吃窝头。那时的小孩常常无奈地问妈妈："妈妈，又吃窝头呀？"

粗糙的棒子面渣渣粒粒的，毕竟没有白面吃着舒坦。现在人说玉米有营养，可再有营养的东西这么上顿下顿吃也烦了不是？于是苦中找乐的穷汉子自嘲为"窝头脑袋"，粗通文墨的穷秀才自称为"塔先生"，都是无奈的穷开心。好不容易盼到过年了，胡同的街门上兴许就贴出这么副对子："人过新年，上二下八。我辞旧岁，外九中一。"意思是说人们吃的是两个大拇指在上面捏、另外八个手指头在下面托着的饺子。我家吃的是一个大拇指在底下捅眼儿的大窝头。清末民初的时候，就连赈济穷人的慈善组织也起名叫"窝头会"。最有意思的是那些落魄的旗人，打小儿讲究惯了，轮到吃窝头也穷讲究。拿起窝头挨着个翻过来看，专门找那底下的窝窝又深又大的。这样的窝头蒸的时候气足，吃起来相对更香。这就叫"吃窝头，挑大眼儿"。

窝头也飞黄腾达过。庚子年，慈禧逃往西安，路上又冷又饿。不知是谁给她找来个热腾腾的窝头，老佛爷几口就给吃了，感觉跟吃栗子一个味儿。回銮之后她又吃腻了宫里的伙食，忽然想起那甘甜的窝头，非让御膳房给她蒸出来。御膳房没办法，只得用过了细箩的棒子面和上白糖、桂花，蒸成栗子大小的精致窝头托了上去。太后一吃，"嗯！是那么个味儿"。从此，御膳里多了这么道小窝头。现在您要想尝这口儿，北海公园里的仿膳还有。

鲅鱼饺子

饺子

胶东沿海一带有种风俗，凡新女婿上门必要拎上一条刚打捞上来的鲅鱼，而且越长越好。鱼越长，表明新女婿越是能干，岳父岳母在街坊四邻眼里也就越体面。若是谁家女婿能拎上一条一人来高、蓝瓦瓦的鲅鱼，那老丈人脸上肯定乐开了花。

鲅鱼学名马鲛，体长，牙尖，游速快，长得跟小鲨鱼似的，是渤海、黄海里常见的凶悍鱼类。这种鱼个头儿大，八九斤重是常有的事，而且肉多刺少，很容易就能剔除那根大梁骨，剥去鱼皮，得到两大条子结实的梭子肉，切成大块焖炖或红烧，吃起来比吃牛肉还香。不过还有一种更具特色的吃法，那就是打成馅儿包饺子。

"好吃不如饺子。"元宝似的饺子让人看着喜庆，吃着舒坦，是北方常见的家常饭。有传说称最早的饺子是张仲景的"祛寒娇耳汤"，是用羊肉和上辣椒做的，专治冻耳症，所以叫做"娇耳"，日久天长传成了"饺子"。这个传说未必可信，因为辣椒明代才漂洋过海传入中国。不过东晋葛洪的《字苑》里确实已经记载了饺子的做法："锉肉，面裹，煮之。"

山东人善吃饺子，而且以薄皮大馅儿著称。现在台湾的饺子馆多数冠以"山东饺子"的美名，似乎唯有山东饺子才算正宗。山东饺子的馅料丰富之极——肉的、素的、甜的、咸的、大虾的、扇贝的……能有上百种之多，蕴含着齐鲁大地的无穷魅力，其中最具代表性的就是这胶东沿海的鲅鱼饺子。其他地方鲅鱼很少，即使有，也都灰不溜秋不怎么新鲜。胶东沿海刚打上来瓦蓝的鲅鱼闪烁着银光，只有用这样的鲅鱼做出的饺子嚼起来才够鲜嫩够筋道，透着海鱼特有的活泛。在盛产美味的胶东，鲅鱼饺子虽算不上大餐，却是人们心底永远的念想。

胶东人吃鲅鱼讲究时令。每年四五月水温尚冷，鲅鱼生长速度虽然缓慢，但肉质紧致，入口弹牙，属最鲜美的时鲜。过了这个时节，鱼肉就显得懈怠。再要吃，只能等到八月后的秋汛。

鲅鱼馅儿最忌讳有腥气，若想不腥，处理鱼肉时就必须非常干净仔细，特别是要把那层黑色的薄膜完全撕净，绝不能带一点皮和筋络，连靠近鱼皮那块红色的肉也不要用。

和鲅鱼馅儿和其他馅料不同，不能用刀剁，而是把剥皮去骨的鱼肉放进盆里用棍子砸，一边砸一边不断加进泡好的花椒水，这样才能彻底去除腥气并且使其鲜嫩多汁。之后调上姜汁、料酒等调料，还必须放上几大勺油让鱼肉滋润，再点缀上一小把提鲜的韭菜。之后一手把着盆，另一只手顺着一个方向搅呀搅，直搅到胳膊酸痛，鱼肉变成糨糊似的湿粘流动的鱼糜，这样吃起来才水嫩柔弱，光滑细润。

在胶东，鲅鱼原本很便宜，便宜到比肉和菜都贱，所以做鲅鱼饺子往往是不掺肉的，而且配菜和作料也不多，吃的就是纯粹的鱼鲜。后来鲅鱼渐渐贵了起来，有人和馅儿的时候掺进些肥瘦相间的猪肉，吃起来感觉丰腴了，不过却不再是鲅鱼的真味了。

包鲅鱼饺子个头儿要大，大到一个足有十来公分。用超级大锅多煮些时候，捞到大盘子里，一个盘子也就装六七个。煮得的饺子白白胖胖，像粉嫩的小拳头，让人看着就想狂咬猛吃。吹散热气一口下去，饱含水分的饺子鲜得令人荡气回肠，用嘴唇轻轻一抿那软嫩的馅儿，浑身上下每一个毛孔都沐浴了渤海咸鲜的春风，那份销魂怎一个"爽"字了得！

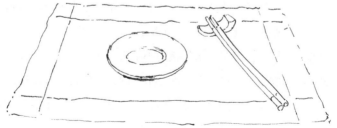

　　传说包子是诸葛亮发明的。宋人高承的《事物纪原》里说，诸葛亮南征孟获途中渡泸水，按照当地蛮人习俗是应该杀人取头祭河的，可诸葛亮让士兵用面皮包上剁碎的牛、猪、羊肉，蒸熟了取代人头祭河，从此便有了"蛮头"，后来则被写成"馒头"。至于这种有馅儿的馒头从什么时候起被叫成了包子已经无据可考，不过至少应在宋代以前，因为《东京梦华录》里就有"更外卖软羊诸色包子"的说法了。

　　包子传遍大江南北，渐渐成为各地人们都爱吃的美食。中国有不吃饺子的地方，但少有不吃包子的区域。像广东有叉烧包，四川有龙眼包，天津有狗不理等等，不胜枚举。有意思的是，沪、宁、杭一带至今还保留着古称，把包子叫馒头。如果您到过上海豫园，就能看到"南翔馒头店"的招牌，那里所卖的肉包子当地人叫"肉馒头"。通常所说的没有馅儿的馒头，则被称为"白馒头"或"实心馒头"。

　　记得第一次去无锡，在一家铺子里见到核桃似的小笼馒头，觉得特别诧异——这怎么是馒头？分明是小笼包子呀！但见那面皮褶皱整齐，晶莹剔透得能隐约看到里面的一嘟噜汤和那颗棕色的小肉丸。夹起个馒头先咬破个小洞，轻轻吸啜，一股浓鲜甜腻的肉汁顿时涌入口腔，接着再蘸些姜醋咀嚼肉丸，咸鲜甘腴，妙不可言。

和这种袖珍版的包子相比，颇有上古遗风的胶东大包子可以算做巨无霸了。别的不说，单从个头儿上讲，胶东大包子足以让第一次见到它的人感到震撼——能有小孩脑袋那么大。

胶东大包子一个能有半斤多，形状也很特别。它并不像大多数地方的包子那样是圆的，而是一头有个尖嘴，另一头是个圆滚滚的屁股。之所以是这么个形状，是因为包它的时候用一只手托不住，必须把皮放在案板上，盛上馅之后一只手在前面轻轻托起皮，另一只手从后边左一下、右一下相跟着捏出对称的褶来，直到捏出前面的尖嘴。大包子馅料里的主菜可以是自家房前屋后结的大角瓜，也可以是白菜、蒜薹甚至野菜，不过现在较常见的还是扁豆。扁豆配酱，格外香。扁豆一定要烧透，否则会引起食物中毒。和馅儿前把洗净的扁豆用开水焯过，完全褪去豆腥气才行，之后切成手指肚大的小段预备着。

肥瘦相间的大肉剁成肉丁儿后用黄酱不紧不慢地炒透。

等到浸透了酱汁的肉丁儿变成绛红色，肉味和酱香交融合一，再多放些葱，顿时，空气里也充满了浓郁的葱酱香。

把炒好的酱肉盛出来，照着肉和菜各一半的比例与备好的扁豆段搅拌在一起，就成了包子的馅儿。接下来大盆和面，擀小饼似的皮，包出一个个大包子放在一片晾干了的玉米皮上进大锅蒸吧。一张玉米皮正好放上个大大的包子，一圈包子摆满笼屉。

馅是熟的，所以并不费火，只需二十多分钟，揭开锅盖子，顿时薄雾升腾，一个个又白又暄腾的大包子活像云雾中灵动的白兔，格外招人喜欢。

吃这包子不用碗也不用筷子，就用手直接托着玉米皮捧着吃，既可以保证包子不破，还不会粘上一手油。通常夸赞包子一般是说"皮薄馅大"，可胶东大包子却是"皮厚馅香"。对着大包子咔嚓一口，酱香满腮，醇而不腻，雪白的包子皮隐隐散发着面肥香和玉米香，即使饭量再大的汉子，有两三个下去也能撑个肚儿歪。

手把肉　羊血肠　活倒肚

要问羊肉怎么吃最鲜最美？我觉得还首推手把肉。

手把肉，就是把三五斤一块的带骨鲜肉直接下锅煮了，之后用双手把住了骨头拉开架势啃着吃的肉。牛、羊、骆驼乃至狍子都可以这么吃，不过如果不特别声明，一般说的"手把肉"专指羊肉。

饭店也有卖手把肉的，切得整整齐齐的，码一小盘，配上辣椒糊、孜然粉等等，甚至还有番茄酱。我觉得那不能叫手把肉，且不说味道和调料如何，单那几小块肉也未免太秀气了，真正的手把肉一块肉就比那一盘子还多。

吃手把肉，还是七八月份去内蒙古大草原的牧民家吧！远远望去草场辽阔如绿海，海面上点染着无数小花。阳光下，大青蚂蚱蹦跳着闪烁在五颜六色的花簇间。海天之际游动着朵朵白云，那就是肥腴的羊群了。你兴奋地跑呀追呀，可怎么也追不上。羊群总是离你不远不近，只有牧人才能把它们赶回圈里。

不是哪里的羊都可以做出好的手把肉，只有这苍穹下饱浸了大地精华的绵羊才能做出那至鲜至美的珍馐来。内蒙古

的羊鲜嫩不柴，据说是吃了野葱的缘故。肉不膻不臊，还带
淡淡的草香。

记得在牧民家里吃过一回手把肉。硕大的铜盘热腾腾地
端了上来，里面是一整只羊，被顺着骨缝解成十几块粉红细
嫩的带骨大肉。盘子边上摆着几把锃亮的餐刀。接过主人递
过的刀柄，迫不及待地用刀切下一块带肉的琵琶骨，丝丝缕
缕间还渗着殷红的羊血。煮得半熟的肉充分保存着青草中摄
来的养分，唯有亲口尝过才能明白什么叫鲜，怎样才美。

美美地喝上几碗奶茶后操刀在手，挑选自己中意的部位，
或割，或撕，或剜，或剔，蘸上野韭菜调制的酱料大嚼起来，
鲜得让人激动。那附着在关节处的肉味道更是咂摸不尽。想
吃到嘴却不容易，只好顾不得斯文，用手把着骨头两端一通
狂啃，恨不能把脸贴在肉上。不过据说会使刀的人并不这么
吃，人家讲究吃相，可以把骨头剔得精光，把肉削成小片。

肉吃得正酣，又上来个大盘子，里面盘曲摆放着冒热气
的青灰色羊肠。小心翼翼捏起来割下一段，里面充满绛红的
膏腴。试着咬一口，柔韧的肠衣包裹着松嫩的羊血，渗透了
肠油的脂香，咸鲜中略带些膻气，别是一番风味。这就是当

地人叫"活倒肚"的羊血肠，是用刚宰的羊血和上荞麦面加进作料灌在羊肠子里做的。

请教主人用了什么绝技煮出这等人间美味？回答让人意外："就是大锅烧开水撒了把盐，加了些山花椒，此外什么也没有。要说绝技可能是那特别的燃料，不是柴火不是煤，而是晾干了的牛粪。牛粪烧得快，火力旺，青烟里卷着淡淡的草灰气，肉下锅后半个来钟头就变色，充足了滚烫的水汽后赶紧出锅。时间长了肉发紫，也就不嫩了。"

"若是冬天，前一天的肉没吃完的，拿到外面冻了，早晨带着冰碴，用滚烫的茶一冲，太棒了！"听着主人娓娓道来，我想象着都觉得心醉。

开席时，烈日当头，骄阳似火。酒酣后，四野黑漆，繁星漫天。说话间又端上来一盆滚烫的羊汤，汤上飘着翠绿的野葱花。汤未入嘴，扑鼻的香气已经让人醺醺然了。喝饱一大碗汤，肌爽骨清，整个人也化进了无尽的草海。

大凡进故宫参观的人，都会趴在坤宁宫的玻璃窗前向里面张望，那是清代皇帝大婚的洞房。殿内高悬双喜宫灯，龙凤喜床上绣着顽童的"百子被"依然鲜艳夺目……看着看着，有意思的事来了，怎么里面还放着三口大铁锅呀？难道皇后在这里炖肉不成？

还真让您猜对了。按照清朝的规矩，坤宁宫是萨满教祭祀的场所，而煮肉又是其中的重要内容。不但每天早晚都有祭祀，而且每逢大祭和初一、十五，帝后都要亲自参与。祭祀后撤下的肉并不浪费，全都分给宫里的侍卫们享用，所谓"心到神知，上供人吃"。一到五更天，乾清门就会传来太监那尖尖的细嗓儿："请大人们吃肉"，喊所有侍卫到坤宁宫门口领肉。太监端出个朱漆木盘子，上面是一块切得方方正正的肉，撒上细盐，就那么直接用手撕着吃。大臣们也有吃肉的机会，据《曝直纪略》记载："每年坤宁宫吃肉三次，枢臣皆与。"贝勒、辅臣们吃白煮肉有个好听的名目，叫"吃晶饭"，吃法也比侍卫们文雅，是用鞘刀把肉切成薄片放在碗里，用桦树筷子夹着吃。

　　原本坤宁宫大锅里煮的肉是不加作料的。渐渐地，这种原始的吃法对于早已告别了游牧生活、终日锦衣玉食的王公大臣们来说实在难以下咽。也不知是谁想出个办法：用上好的酱油浸泡出一种"油纸"。白煮肉端上来，掏出这张油纸假装擦刀和碗，等于给肉蘸上了鲜美的酱油，吃起来顺口多了。

　　吃白煮肉不仅在宫里，各王府也有这个习俗，吃不完的肉还分赏给各类下人。乾隆六年，定亲王府有个更夫在府边上缸瓦市开了一家馆子，专门用一口特大砂锅煮白肉卖。他还对传统工艺进行了改良，口味更适合大众，生意特别兴隆。日久天长，食客们就把它叫成"砂锅居"了。这家店沾了王府的牛气，每天只用一头猪，中午之前卖完了就摘掉幌子歇业。于是，北京城多了一句歇后语："砂锅居的幌子——过午不候。"可惜现在的砂锅居卖的是砂锅白肉，并不见有白煮肉了。

　　白煮肉在京城已经落地生根，老北京家里到了夏天都要做上几回白煮肉吃。进了伏天，大槐树上的季鸟儿尽情唱着。静谧的四合院里开着窗户的厨房灶台旁，常会见到一个穿着大白背心的老爷们儿慢条斯理地煮着肉，一手摇着蒲扇，一手揭开锅盖。水汽扑面而来，满院子飘散着醇厚的肉香。开满黄花的浓绿丝瓜藤下跳皮筋儿的小女孩欢快地唱着："打花巴掌儿哒，六月六，老太太爱吃煮白肉……"

民间白煮肉在做法和吃法上和清宫里有了很大差别。一般是把带皮的五花肉洗净了切成大块，皮朝上放进大锅里，加上花椒、大料等调料熬煮。汤始终要咕嘟咕嘟开着，中途不能翻动，也不能添水。直煮到肉九成熟，用筷子一戳能透，用手能捏得动肉皮，就算行了。注意，煮肉的时候，调料里是不放酱油的。

肉煮好了，捞出来晾凉了，切成薄得透明的大片儿，码放在盘子里，蘸上用酱油、蒜泥、葱花、辣椒油和香油勾兑成的料汁，就可以大快朵颐了。醇香的白肉嚼起来酥韧弹牙，筋道的肉皮让牙齿感觉到微微抗拒，反复咀嚼，入口化渣。

吃东西讲究吃出本味，嫩而不烂、薄而不碎的白煮肉，质朴而丰美，体现出的况味简单而地道。

麻豆腐

　　找出一道菜是只北京才有的，恐怕唯有麻豆腐。这里说的麻豆腐和麻婆豆腐毫不沾边儿，而且里面根本没有通常用大豆加工成的豆腐。

　　麻豆腐本是做绿豆粉丝剩下的下脚料，类似于用黄豆磨豆浆时剩下的豆腐渣。这玩意儿灰不溜秋，貌不惊人，在其他地方大多废弃不用，但北京人却把它当成食材，做出了天下独一无二的美味——炒麻豆腐。这口吃食雅俗共赏，不光穷人喜欢，就连梨园名伶、达官贵人乃至从前那位馋嘴的太后老佛爷慈禧也都喜好。

　　麻豆腐好像只能炒着吃，不过各家各户的炒法却不尽相同：有用羊油炒的，也有用素油炒的，还有爱吃羊肉味儿可又怕糊嘴而用素油炒，再单加进去羊肉丁儿的。不管用什么油，油量都要足，麻豆腐特吃油。炒麻豆腐通常加些黄酱，吃起来格外香。当然，若喜欢本味儿也可以不加。为了有经脉经络，可以加些腌雪里蕻；为了提鲜增色，可以加煮好的青豆；也有什么都不加就那么干炒的……可谓是五花八门。不管怎么炒，都要加上大量水之后用文火咕嘟上相对长的时间,而且要不停用铲子抄着锅底翻,为的是不煳锅。民谚说"炒麻豆腐——大咕嘟",讲的就是这个过程。等到水完全糗进去,原本散沙似的麻豆腐变得又黏又糯,看上去油亮而滋润,闻起来有一股特殊的酸香气才算炒透,吃起来特有味儿。

如膏似脂的麻豆腐盛在盘里油汪汪的,通常会用铁铲子拍成个墩儿形,并且在墩儿的上头压出个小窝来。把青韭或一种叫"野鸡脖"的韭菜切成一寸来长,撒在小窝四周,让这灰不溜秋的小菜点缀上点点青翠。那特有的酸香与韭菜的清辣融合在一处,形成了一股别致的香馨,走窜到牙根儿。之后再炸上勺滚烫的干辣椒油浇上。只听"吱啦"一声,原本是下脚料的麻豆腐就此幻化成美味,真可谓是化腐朽为神奇!

做这道菜讲究的是个工夫,也需要一定的手艺。所以尽管生麻豆腐很便宜,但炒得了以后价钱会翻上十倍。且不论油钱、料钱,单单炒的时间就是个不小的成本。所以要吃这口儿,还是买了生的回家自己炒上算。

麻豆腐的吃法也有特别的说道。吃这口儿并不能像吃大肉似地猛嚼狂吞,而最好是用筷子夹上一点儿放到嘴里慢慢咂摸，让齿缝里都渗进那缕别致的油香，才能充分体味出咸酸香辣中所蕴藏着的醇厚丰腴。那份惊艳，吃其他任何菜品都体验不到。过去北京的酒腻子喝酒，讲究一滴滴往下渗，打上二两二锅头能享受上大半天儿。这麻豆腐正好可以细嚼慢品，自然成了酒腻子们首选的下酒菜。

麻豆腐配米饭吃也是一种不错的选择。扛上一勺麻豆腐，放在热腾腾的米饭上，越吃越香，一大碗饭一会儿就能吃个精光。

炒麻豆腐本是家常菜，但现在不少餐厅里也能吃到。不过要注意的是，一般来说炒麻豆腐算是清真菜，去南来顺、烤肉季等清真老字号口味才地道。而且这道菜最好趁热吃，凉了糊嘴不说，味儿也差着。

松花蛋
century egg
皮蛋
混沌子

在网上看过一段视频，关于外国人心目中的中国，在他们眼里"那个国度到处是好吃的"。的确，中国菜招外国朋友喜欢，但也有例外，比如许多中国人在家喝小酒时吃的松花蛋老外们大多不太欣赏，甚至不止一次将其评为"最恶心的食物"。他们觉得松花蛋"有点像某种曾经是蛋的东西……简直是魔鬼做的腌蛋"。英语里的松花蛋至今被叫做"century egg"（世纪蛋）甚至"thousand-year egg"（千年蛋），或许他们猜测那绿莹莹的玻璃蛋应该是长江里的千年老龟下的吧？

别怪老外们搞不懂，松花蛋的制作也真是神奇。攒一筐白白净净的大鸭蛋，用草木灰、白石灰、密陀僧、次茶、米糠、黄土等等原料和成的泥巴包裹上，滚上层稻壳。过上一个来月，剥落那层已经变得邦邦硬的石灰壳，就变成了一颗颗墨绿透明的松花蛋。凝成胶冻似的柔韧蛋清上，鬼斧神工般镂刻着朵朵洁白的冰花，灵俊的花纹犹如根根松针，要不怎么叫"松花蛋"呢！

在南方，松花蛋又叫"皮蛋"、"变蛋"，不过还是古人的称谓更显精到——"混沌子"。堪称明代饮食大全的《竹屿山房杂部》上说:"混沌子:取燃炭灰一斗,石灰一升,盐水调入,锅烹一沸,俟温,苴于卵上,五七日,黄白混为一处。"看来,那时候腌制松花蛋的方式和现在多少有些区别。

切开一颗松花蛋,你会发现里面的层次井然有序交织叠加、色彩分明。外层半透明的蛋清恍若穹庐,朵朵松花犹如星汉灿烂,蛋黄一层浓绿、一层鹅黄、一层竹青……蛋黄的中央已然溏化,恰似稀软的金色琼脂。或许混沌初开之时真是这么个样子?或者如梵高画布上星空的意象?

很多人纳闷那靓俊的松花是怎么刻上去的,甚至真以为是在腌蛋的泥巴里掺了松枝。其实不然,那是泥巴里的碱性物质透过蛋壳渗进,与蛋清里的氨基酸化合生成的氨基酸盐结晶。

松花蛋的吃法多样,在家里通常是切成月牙瓣,撒上姜末,浇上酱油,再点几滴香油直接吃,据说这么吃能滋润嗓子,清热泻火。当然也可以切成碎末,撒上精盐,拌一块嫩豆腐。

广东的皮蛋瘦肉粥可谓大大有名。煲粥时,下进肉和姜丝,加进一颗切碎的松花蛋起到小苏打的作用。待粥煲得滚糯,皮蛋完全融在粥里,再把第二颗松花蛋切成小瓣撒进锅中。不多时，就煲出了一锅柔滑鲜香的粥糜。撒上葱花和薄脆一喝，每个毛孔都感到熨帖。

松花蛋还可以热炒。裹上面糊炸到外酥里糯，在菠菜、木耳炒成的芡汁里一熘，有着独特的松花味。那份酥嫩迎牙而裂，比熘丸子有过之而无不及。

还有一种吃法一般人未必知道，就是涮羊肉的时候涮几块松花蛋，吃起来滑溜溜的，有种特殊的爽润。而且松花蛋的碱性中和了羊肉的酸性，吃起来让肉也格外鲜嫩。

松花蛋虽没有了鸭蛋的腥味，却有股难以描绘的甘涩气，不是每个人都能接受那股神奇的味道。正所谓"甲之蜜糖，乙之砒霜"，吃本来就是讲个性的事。对于不喜欢这口儿的人来讲，秉持一颗包容尊重的心来对待别人的爱好，不也是一种修为吗？

八宝饭　米饭　土八宝　椰子船　聚珍园　散烩八宝饭

　　饭，通常有两种不同意思：广义上是充饥的正餐，如早饭、晚饭；狭义上特指米饭——或蒸，或焖，或捞，总之是把生米做成干饭。

　　米饭虽简，却是百味之本。"释之溲溲，蒸之浮浮。"家家户户做饭吃，可若想做得炉火纯青，并非易事。按袁枚的说法，一要米好，二要善淘，三要焖得恰到好处，四要水量合适、燥湿得宜。检验一个餐厅的好坏，只需尝上一口它家的饭。若一碗饭都能蒸得颗粒晶莹、香糯油润、清香悠然，则做菜一定用心，滋味自然不差。反之，若连一碗普通的饭都做得不像个样子，菜能精致到哪儿去呢？

　　朴素的米饭，纯真的稻香，无论大宴小餐都是桌上的主食。不过米饭同样也可以做得花枝招展、艳丽多姿，这就是八宝饭了。

　　八宝饭的历史可谓悠久，相传最早出现在武王伐纣的庆功宴上，是为了表彰立下汗马功劳的伯达、伯适、仲突、仲忽、叔夜、叔夏、季随、季骗这八位贤士而发明的。当时还特意在八宝饭上使用了山楂，寓意着火化殷纣王。

也有说八宝饭是源自民间的八宝图，所用的八种干果代表了和合、玉鱼、鼓板、磬、龙门、灵芝、松、鹤，寓意美满团圆、和顺吉祥。

也许正是因为历史太悠久，八宝饭几乎遍布全中国各地的百姓人家。尽管口味上有甜有咸，但原料上却大同小异。几乎都是用蒸得半熟的糯米饭拌上白糖、猪油，夹上一层厚厚的红豆沙。所放的果料并无一定之规，往往也不止八种。通常是用白色的莲子、朱红的小枣、嫩黄的白果、艳红的山楂、碧绿的青梅以及金橘、桂圆肉、瓜子仁等等摆出漂亮的图案，盛放在抹了油的碗里上笼蒸透，倒扣于盘子里，形成一个五彩缤纷的小花苞。软糯黏滑的八宝饭寓意着一家人圆圆满满、甜甜蜜蜜，给温馨的家宴带来了喜庆。

陕西一带的八宝饭醇甘如蜜，上桌时还要撒上红糖，再浇上白酒点燃，烈焰升腾，代表着红红火火的日子，这可是各种团聚家宴或婚嫁喜宴席面上的压轴戏。

山东民间的八宝饭用料相对简单，蒸糯米饭时点缀上红枣、瓜子、核桃、熟莲子等等普通的果料，吃起来甜而清爽，软而不粘，号称"土八宝"。

南宁的八宝饭配以绿豆、百合、莲子、白果、蜜枣、山黄皮，吃的时候浇上清爽的糖汁芡，晶莹光润、香甜糯滑，当地人把它当成早点或宵夜。

海南也有八宝饭，是把糯米和红糖、小枣放进已经结瓢但又带有汁水的椰壳里密封，置于刚烧好出窑的石灰中烘制而成的。吃的时候像切西瓜似地劈成一牙一牙的小船，香喷喷，黄澄澄，充满了椰岛风情，所以又叫"椰子船"。

特别值得一提的，还有湖北荆州百年老店聚珍园的八宝饭，据说源自晚清流落于江陵的清宫御厨肖代之手。聚珍园的八宝饭选料精湛，采用上等糯米配以湘莲子、红枣、薏仁米、蜜冬瓜条、蜜月橘饼、糖桂花做成。和通常的八宝饭所不同的是，这里的八宝饭由蒸制改成散烩，故称"散烩八宝饭"。看上去色泽斑斓，吃起来润滑幽香，有诗赞曰："浅盏小勺细品尝，余韵悠长隔日香"，也算是独树一帜吧！

一碗普通的米饭，可以素淡，也可以浓艳，正应了生活的多彩。

腊八儿粥　　粥　　糜　　稀饭

"世人个个学长年，不悟长年在目前。我得宛丘平易法，只将食粥致神仙。"这是陆游的《粥食》，普普通通一碗粥在诗人眼里竟然快赶上仙丹了。

粥是很古老的饮食。您在博物院里见过一种叫"鬲"的新石器时期的陶器吧？不算很大，胖胖的，三只脚。祖先们把米放进鬲里，加上水架在火上熬，直到颗颗米粒膨胀得像弓一样张开，就成了"粥"，煮到很烂很稠的时候，就成了"糜"。

粥虽简单，却是饮食之根本，熬好了并不容易。熬粥讲究用砂锅，一份米兑十份水，大火煮开，小火慢熬，中间不能停顿，也不能再加水，直熬得水米融洽，柔腻如一，表面上浮起一层油亮的米油才算熬到家。这样的粥盛在碗里透青如脂，稻香沁人。喝粥要喝新鲜的，不能让粥等了人，那会潝而不醇；必得是人等粥，才能品到鲜香甘美的真味。

顺便一提，北京人说的粥和稀饭是两码事。粥是用生米和水直接熬制出来的。而稀饭是用剩米饭兑水煮成的，怎么熬也不会有粥的细腻，更不会有淳厚的稻香，弄不好还有股焦烟气。

如果单说一个"粥"字，一般特指白米粥。而小米粥、紫米粥、棒子面粥等等都是从它衍生出来的。在粥里加上绿豆就成了绿豆粥，加上山药就成了山药粥，熬得之后盖上张碧绿的鲜荷叶一焖，稍等片刻，又成了清馨可口的荷叶粥。若是把各种谷物、豆子，外加各种干果放在一起熬呀熬，差不多就成腊八儿粥了。

腊八儿粥算得上是北方最丰盛的粥。每到农历腊月初八，各地都有熬腊八儿粥的习俗，而其中以老北京最为讲究。北京的腊八儿粥要用大米、江米、黄米、小米、菱角米、红豆等等和水熬煮，栗子、小枣、莲子、瓜子、花生、松子、榛子、青丝等等果料调配，熬这锅粥要用十八样东西，据说是象征了十八罗汉。不过并不是什么都能往里放，比如绿豆使汤变浑，不能放；黑豆原先是喂牲口的，更不能放。

按照北京习俗，熬腊八儿粥简直是场家庭盛典。要在头天晚上做好一切准备——淘米，泡豆，剥干果。子夜时分开始按顺序一样样下锅——先煮豆，再煮米，最后放进果料不紧不慢地熬上一宿，直到天蒙蒙亮。热腾腾的粥盛在碗里加上红糖或糖桂花，还要插上一对用干果粘成的小狮子——半个核桃仁曲曲弯弯的沟壑就像挓挲起来的鬃毛，正好做狮头；朱红的脆枣油光锃亮用来做狮身；桃仁做成胖墩墩的狮脚；而带纹路的杏仁恰好是一朵花似的尾巴。

将熬好的腊八儿粥恭恭敬敬地敬神祭祖，然后还要端上几碗赠送左邻右舍，最后才是自家人享用。十冬腊月里喝碗热腾腾、香喷喷的腊八儿粥，每个人心里都觉得暖和而甜蜜，脸上也都洋溢起笑意。俗话说"过了腊八儿就是年"，喝下这碗粥，春天也就有盼儿了。至于它到底是源自天竺国牧羊女献给佛祖的那碗乳糜，还是朱仙镇百姓送给岳家军的壮行饭，抑或是效仿明太祖朱元璋当初讨饭时发现了老鼠的粮仓所熬的那碗杂货粥，并没有太多人去深究。

老舍先生说：细想起来，腊八儿粥是农业社会的一种自傲的表现。所以了，这可不仅仅是一碗粥，而是小型的农业展览会呢。

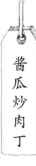

前些天陪电视台拍个美食节目，需要做一道老北京过年的压桌小菜——酱瓜炒肉丁。于是，带着编导和摄像从六必居买了个比肉还贵的酱瓜，借了个餐厅老板的宝地，指导两位年轻厨师做了起来。

称好一斤五花三层的大肉，让厨师切成黄豆大小的色子丁儿，放进开水一焯，淘干净倒出来预备着。墨绿色的酱瓜是老北京的传统酱菜，据说要用老菾瓜浸在酱缸里腌上几十天。这东西咸，有二两足够。挖去瓤子，也切得和肉丁一样大小浸泡在清水盆里，为的是去去咸味儿。两棵大葱只用中间从白变绿的那段，切成葱花。原料就准备得差不多了。

接下来，炒！炒锅里放上半锅水，下进肉丁，加上鲜酱油，再撒上白糖烧开了，盖上锅盖用小火慢慢地炖。之后，就那么痴痴地等啊等。编导纳了闷儿，怯怯地问道："不是说'炒'吗？怎么改炖了？"

"您别急，炖透了自然就炒了。"虽说不是大厨，但咱也卖个关子。

约莫过了一个钟头，<u>丝丝缕缕的肉香顺着锅盖边缘飘出</u>

来，弥漫在屋子里。等得发困的摄像师被吊起了胃口，忙不迭地掀开锅盖。但见一锅汤水已经变成了醇厚的稠汁。粒粒肉丁儿红亮油润，有瘦、有肥、有皮，简直是精品红烧肉。

炒的时候到了！赶紧让厨师把泡了一个多小时的酱瓜用笊篱捞出来控干了倒进锅里。瓜丁儿吸吮着肉汁，立刻嗞嗞啦啦地响开了。转眼工夫汤汁熬干，炖透了的肉丁儿渗出丰腴的油脂煸着酱瓜，青烟冒起，爆出浓烈的酱香气。撒上准备好的葱花，再淋上一大勺香油，顿时香盈满室。看一看墙上的挂钟，不知不觉一个半钟头过去了。

等摄像们长枪短炮的照够了这盘小菜，每人尝上一小勺，咸鲜里透着甘甜，肉丁爽口不腻，个中滋味太别致了。编导打趣地问老板："您以后添上这道菜吧？现在餐厅里没做这么精的了。"老板笑了："哈哈！照您这做法我非赔死不可。为添这道菜我得加十个厨子。现在顾客都火急火急的，为个肉丁儿等上一个多钟头，非闹不可。还不说成本，加起来得卖八十块钱，不是亲眼所见真想不到。顾客肯定嫌贵。"

想想也是。北京的家常菜讲究用最普通的食材做出最地道的味道，所下的工夫就是漫长的时间。酱瓜炒肉丁是，醋溜白菜、烧茄子是，炒麻豆腐更是。这种风格的形成与清末民初北京的社会文化氛围息息相关。那时八旗子弟有的是闲工夫，他们慢悠悠地听戏，慢悠悠地喝茶，慢悠悠地遛鸟儿，感染得这座城市里每一个人骨子里都透着一股闲味儿。即使做两道家常小菜，也透着那股子悠然。后来清朝衰亡了，没了俸禄的旗人变成了平民百姓，当初爱吃五花三层苏造肉的主儿也端起了粗俗的卤煮火烧。生活所迫，让他们的食材越来越便宜，但那份工夫，那份对待生活的精细劲儿却已然挥之不去。于是，他们炸一碗老黄酱要花上一个钟头，咕嘟锅麻豆腐能站到腿发酸。他们苦中寻乐，享受着简单悠闲的慢生活。

现在的人们忙忙碌碌，做梦都盼着一夜暴富。这种氛围下餐厅追求用稀奇昂贵的食材迅速赚回大把钞票。食客恨不能点完菜过上十来分钟就能吃到嘴。有谁会去慢慢品味菜中蕴含的工夫呢？若是等上个把小时吃一盘比肉还贵的烧茄子或是醋熘白菜，恐怕真没几个人能接受。这也就是现在的餐厅里为什么吃不到地道北京菜的道理。若真想吃，还是自己在家慢慢做吧！

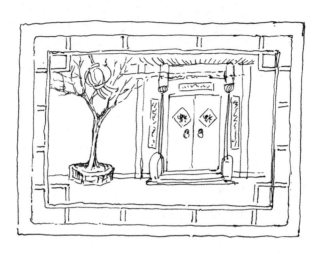

除夕之夜，阖家团圆，老老少少聚在一起必得吃上顿团圆饭。不管家境怎样，这顿饭都力求丰盛，除了肥实的大鱼大肉，还必得摆上几样过年时才有的特色小盘。在北京人家，豆儿酱就是这么一道精致的压桌菜。

所谓豆儿酱，并不是豆子酿成的酱，更不同于豆瓣辣酱，而是一种升级版的肉皮冻儿。酱红的豆儿酱冰凉滑嫩，往往和芥末墩儿、炒酱瓜丝等等小菜一起先端上桌，是丰盛家宴的小序曲，更是吃过鱼肉后解腻醒酒的小凉菜。

春节前几天，北京人家家户户打豆酱，一打就是一小盆。从除夕一直到正月十五，每顿饭配上一小盘，怎么吃也不觉得腻。

打豆酱的材料很便宜：猪肉皮、生黄豆、胡萝卜、白豆腐干，再加上些葱、姜、花椒和大料，齐了。可做起来却需要些耐心——挺去脂油的肉皮要用镊子仔仔细细地把毛一根根全拔干净了再焯透，若是留下几根毛茬子，吃谁嘴里谁扫兴。泡好的黄豆煮到熟而不烂，散发着一种别致的清鲜。胡萝卜、豆腐干都切成小色子丁儿大，是调味，更为装点。

　　一切准备就绪，用熬过葱姜和香料的开水先把肉皮煮软，捞出来切成方丁儿，把那些调料捞出去扔了，只留下一锅干干净净的香汤。这时候再把切好的肉皮丁和熟黄豆、胡萝卜丁儿、豆腐干丁儿一起推进汤里，加些酱油、料酒熬煮。将近过上一刻钟，水汽掺着肉香充满了厨房。将这一锅浓汤倒在大搪瓷盆里，放到院子里盖好了晾凉。

　　第二天开饭的时候，盆里已然凝成了晶莹的冻儿。铲出一块切成拇指肚大的方块儿放在盘子里，就是一份精美的豆儿酱了！每一个方块儿里都镶嵌着牙黄的豆粒儿、杏红的胡萝卜丁儿、乳白的豆腐干儿和胶韧的肉皮，看着就让人喜欢。夹起一块放进嘴里待它慢慢融化，冰凉温润中既有豆汤之鲜，又有肉汤之香，还带着胡萝卜微微的甘甜，那滋味，荤中素。

　　不过豆儿酱一般不这么干吃，而是要浇上一勺爽辣的腊八儿醋和几瓣翡翠豆子似的腊八儿蒜，那才让饱餐了甘沃肥浓之后的这盘小菜更显着清新美妙。

　　腊八儿蒜，是仅属于北京隆冬时节的美味，要在腊月初八这一天泡上，一直腌到过年的时候才取出来吃。蒜变得湛青碧绿，吃起来没了辣味儿，而是酸爽中蕴含着丝丝甜意，可以在年夜饭上出奇制胜。而腌蒜的醋则是吃饺子时不可缺少的绝佳调料，北京人叫做腊八儿醋。

泡腊八儿蒜最好选紫皮大蒜，剥去蒜皮，择净根须，而且一定要把紧贴在蒜上的那层薄膜也揭干净。处理过程中务必轻巧，不能划伤了蒜体。若是伤了，腌出来后就会出一个大黑道子，没几天就烂了。剥好的蒜用醋泡在广口玻璃瓶里，放在窗台上。眼见着冬日的暖阳掠过玻璃瓶，浸在醋里的蒜瓣儿慢慢泛青，变绿，宛如看见生命的过程。

腊八儿蒜的经典腌法是用汤色清淡、口感爽利的米醋。腌好后像一颗颗翡翠豆子似的鲜脆诱人，泡出的醋酸中带辣，浸润着浓郁的蒜香，是吃饺子、豆儿酱和肉皮冻儿的绝配。若是用陈醋或熏醋则颜色过重，泡出的蒜不够透亮，味儿也不够爽。近年来也有用白醋腌的，腌出的蒜更加翠绿夺目，吃起来也越发清甜。只是那醋不太适合吃饺子，但拌白菜心倒是蛮不错的。

涮羊肉　涮锅子　火锅　东来顺

北方的冬季哈气成冰。若是瑞雪飘飘的冬夜，一家人能聚在屋子里，围着翻滚沸腾的涮锅子美美吃上顿涮羊肉，那是一件多么温暖的美事！

吃菜讲究锅气，涮羊肉的锅气无疑是最足实的。涮锅子大有讲究，它和火锅不一样。火锅圆肚、膛大，可以装进各种荤素菜品一起熬煮。涮锅子的膛是个倒锥形，上头大，底下小，锅里的水总能保持滚开的状态。夹起片羊肉下锅涮上两三下就熟了，十个八个人也供得上吃。讲究的涮锅子要用红铜打造，膛里挂着一层银亮亮的锡，据说可以避免直接熬铜产生的毒性。

羊身上真正能涮着吃的肉并不多。最好是选后脖梗子上那块肉，看上去有大理石似的花纹，吃着鲜嫩，而且不柴不腻，北京人管它叫上脑儿。其次，就得说是羊臀尖了，也叫大三叉儿，这块肉肥瘦参半，撕去那层薄薄的夹筋后都是嫩肉，涮着吃也很是味儿。羊前腿也能涮，瘦多肥少，扁担似的，又叫小三叉儿。另外还有两小块肉，一块是磨裆，另一块叫黄瓜条。除此以外，羊身上就再没有适合涮着吃的肉了。

肉最好是用干净布吸干表面的水分后稍微冻一下现切现涮。把肉切成半透明的薄片,讲究要"薄如纸,匀如晶,齐如线,美如花"。码放在盘里倒扣过来举着肉不能掉下来,才表明肉的鲜嫩和干松。

吃涮羊肉有几样必不可少的配菜:水发粉丝、酸白菜、大白菜头、冻豆腐,再加上白皮糖蒜。主食品只有一样——芝麻烧饼。齐了。经典的涮羊肉就这么简单。

再有就是各种蘸食的作料。涮羊肉的作料可谓丰盛,而且各种调料应该单独盛放,由食客根据各自口味调配出喜欢的碗底——芝麻酱用凉开水加些盐慢慢澥开,把带汤的酱豆腐研成糊,还有酿制好的韭菜花,分别装在大碗里。葱、姜、蒜切成末儿,香菜切段儿。四样鲜菜放小碟里备用。酱油、醋、辣椒油,再点上几滴必不可缺的卤虾油——没了这个,那味道就算不上地道。调出来青是青,白是白,再加上红的、绿的、黄的……很靓丽的一小碗,吃的就是个性。

涮肉不是煮肉,吃起来有特定的程序。最先涮的既不是上脑儿,也不是后腿,而是两片切成半透明的羊尾,丰润肥美,宛若凝脂,让锅里的汤再涮起肉来不觉得肉柴。

之后，当然是涮肉了。所谓涮，是用筷子轻轻夹上两三片肉在锅子里抖搂上三四下，工夫不能长了，看肉一变色赶紧夹出来沥干汤水蘸上佐料吃。工夫长了就成了煮，而不叫涮了。

涮羊肉从来都是自助。醇香鲜嫩的羊肉蘸上自己调配的作料，可以说是香、咸、辣、卤、鲜五味俱全。肉吃得差不多了，还可以煮酸菜去去油腻；煮些白菜清清口；煮冻豆腐吸饱汤汁里的鲜味；再烫一缕水粉丝，越发显得滋润……水雾缭绕中直吃得潜然汗出，最后夹一个添了小茴香粉的芝麻烧饼放在炭火上嘘热，待到芳香走窜，咬一口烧饼，就上碗鲜汤，美妙之极！

吃涮羊肉当然可以下馆子，有道是"涮肉何处嫩？要数东来顺"。百余年来，东安市场东来顺的涮羊肉几乎是家喻户晓。不过我以为最地道的涮羊肉还是要在家里和最亲的人一起享用，不仅可以享受到那口浓重的锅气，还能感受舒坦、踏实和幸福的家味儿。

沔阳三蒸

天门八蒸　粉蒸青螺　珍珠丸子　素三蒸

　　代表西方的烹饪方式是烤。烈火干柴，不仅可以烤肉烤鱼，即便是湿润的面团也可以烤成焦香的面包。代表中国的烹饪方式是蒸。温柔之水幻化成无形的蒸汽，不但可以把面团蒸成喷香的馒头，还可以蒸肉蒸鱼，蒸出各色荤素菜肴。

　　讲蒸菜，首推江汉平原。且不说品种有多丰富，单就蒸法就有粉蒸、汤蒸、清蒸、炮蒸、扣蒸、酿蒸、包蒸、封蒸、干蒸等等十好几种。天门一带乡间请客，十大碗里至少四道是粉蒸，分别是猪肉、排骨、鱼和土鸡。有时还会单上一道粉蒸莲藕，当地叫"压桌"。而所谓"天门八蒸"，就是天门一带流行的八种蒸法，像岳口镇的粉蒸牛肉、乾驿镇的炮蒸鳝鱼、多宝镇的蒸笼格子等等。

　　离天门不远的仙桃，自南北朝一直到一九八六年都叫沔阳。现如今沔阳作为地名已然不存，但却永久被保留在百姓的灶台上——那就是过年时家家户户都蒸的"沔阳三蒸"。

　　民间的沔阳三蒸都是粉蒸，通常是把大块的鱼、大片的五花肉和一种菜蔬粘上米粉，和上作料分别放在各自的笼屉里，然后摞在一起蒸成一道菜。三样吃食一气呵成，滋味不同却相互勾连，各自独立又融为一体，可谓是独树一帜。

　　鱼，吃的是鲜，一般铺在最上层的笼屉里，既保证了鲜味不串，又可以检验整摞笼屉是否熟透。若是熟透了，笼屉一上汽，水雾升腾，鱼肉恰好刚熟而并未老，吃起来滑嫩活泛，才应了一个"鲜"字。

　　肥瘦相间的五花肉片，用料腌过，蘸匀米粉，整齐码放在中间一层。热气一熏，肥润的油花顺着缝隙滴落下去，正好滋润了下层裹着米粉的菜蔬——最经典的要用茼蒿。青翠的茼蒿平添了油润，而肉也变得酥烂而不腻，真是相得益彰。若把茼蒿换成白萝卜丝，酥软润喉，细润如油，又是另一番味道。待到浓热的蒸汽裹着绵密的米粉香飘散开来，一道大菜就蒸好了。郑重地摆在餐桌中央，淋上陈醋和麻油……哎呀，这才是简洁而深厚的民间味道！

　　若用莲藕，可以切成小段后和上米粉放在中层，肉放上层，而鱼放在最下。莲藕接住上层渗落的油滴变得粉烂，独特的幽香又把肉蒸得融润。鱼块熏染了莲藕的清气，也变得更加清鲜适口。三种滋味融会贯通，没吃就已经让人飘飘然了。至于选什么鱼，并无一定之规，可以是草鱼，可以是白

鲢，不过最好选鳊鱼，也就是常说的武昌鱼。鳊鱼肉质滑嫩，
滋味鲜润，现杀现做，放上姜丝，再淋些鸡油蒸透，吃起来
优哉游哉，岂不美哉？

　　大鱼大肉加蔬菜是最乡土的搭配，不过也有许多衍生变
化。比如蒸茼蒿的时候加进当地特产的田螺肉，就变成了粉
蒸青螺，清润的茼蒿散发着浓浓螺香，洋溢出田野的气息。

　　现代人对粉蒸肉往往敬而远之，那也没关系，把瘦肉剁
成肉糜掺上黄鲇茸和荸荠末儿，加上胡椒粉和葱姜末等等调
料团成小丸子，外面均匀地粘裹上一层泡好的糯米，蒸好之
后颗颗米粒拢挲起来，玲珑剔透。这晶莹糯香的珍珠丸子充
满了诱惑，没有谁能够抵御得住。

　　若还嫌弃油腻，也有变通之法，那就是用三种时令鲜蔬
搭配出的素三蒸。素三蒸的蔬菜五花八门，随意搭配，只是
通常少不了茼蒿。可以是粉蒸茼蒿、芋头、南瓜泥，也可以
粉蒸茼蒿、萝卜丝、菱角米……一样的口感清幽，一样的回
味悠长，一样飘散着云梦大泽特有的家乡味。

酸菜白肉

杀血肠

对东北人来说，冬天的酸菜情结是挥之不去的。唱歌要唱"翠花上酸菜"，看戏要看"翠花上酸菜"。这里说的酸菜特指酸白菜，而不是做酸菜鱼的那种青绿色的酸菜。从前一入了冬，东北家家户户都要积上缸酸菜，贫贱富贵无不如此。据说，张作霖的大帅府至今还存着七八口酸菜缸。

积酸菜的方法不只一种。通常是把几十斤大白菜晾到打蔫儿，摘去老帮子、大叶子，用刀一劈两半儿，下进开水锅里稍微一烫，捞出来晾凉了，放到刷干净的水缸里码放整齐，用一块滚圆溜滑的大青石头压上两天，压瓷实了，再浇进没过菜的凉开水，发酵上十天半个月，乳黄色的酸菜就积好了。

也有人家直接把新鲜白菜洗干净了，一颗挨一颗在缸底码上一层，一条壮汉把脚洗干净了直接上去踩，层层叠叠，边放边踩，直到一缸菜踩结实了为止，再压上大石头。据说这样积出来的酸菜不仅好吃，而且更有营养。

现在城里人都住进楼房了，家里没有条件积那么多酸菜。就有菜农将整车的大白菜开到城乡接合部，架上大锅烧开水，煮整颗的生白菜，煮到断生，现煮现卖。市民把煮好的白菜买回家放进坛子或塑料盆里，用保鲜膜封好了，别沾油腥，压上重物，十来天后也发酵成了下饭的酸菜。

东北的冬天是漫长的，酸菜一吃就是四五个月。好在酸菜属于百搭，包饺子、熬豆腐、汆丸子、涮羊肉，怎么吃怎么有，甚至有人直接蘸大酱生吃。清爽的酸菜，咬起来脆生生的，配上大酱，自有一种独特的酵香味儿，这还有个说头，叫"酸菜大酱，越吃越胖"。

当然，最让人惦记的还得说是酸菜白肉。从冰凉的酸菜缸里捞出颗酸菜来，带着酸汤当当切成几段，用炖猪骨头的汤熬一大锅，下进手指头宽的大粉条子，汆进烧好了的五花三层的大肉片子，这就是酸菜白肉。按作家迟子建的说法，它是令人大开胃口的菜。

酸菜白肉里的肉并不是拿生肉就用，最好用烧好了的。五花肉切成拳头的大块，放在大铁锅里，加进花椒、大料、葱姜、料酒，慢火煮到半透明。颤巍巍捞出来控干放凉，烧一锅温油，把肉一块块下进去炸。表皮炸得金黄，晾凉了后切成大薄片，这才是汆白肉的材料，吃起来透着格外香。若是把一尺多宽的五花肉用酱油料酒腌制过后，像烤鸭那样吊起来烤到七八成熟，那就成了著名的炉肉。用它来氽白肉，可以吃得人神魂颠倒。

酸菜不光可以氽白肉，还可以同时氽血肠。把新鲜的猪血加上盐、佐料，灌进处理干净的肠衣，下进开水里煮，就成了血肠。煮血肠要技术，火大了小了都不行。要煮得鲜嫩可口恰到好处。晾凉了切成段，就是氽白肉的绝配。酸爽的汤水调和了肉的肥腻、肠的腥气，简直妙不可言。最好再加进去几块冻豆腐，吃的时候浇上一勺现炸的辣椒油。还没入口，已经让酸辣的香气勾引出馋虫。就着香喷喷的东北大米饭，那叫一实惠，那叫一过瘾，管饱能多吃上两碗干饭。

东北人讲究猫冬。大雪封门之时，一家人热乎乎地在家里一猫。窗外，飘着雪花儿；屋里，炉火熊熊，火上的酸菜白肉咕咚咚开着，醇厚的酸香飘满屋子；一家人其乐融融唠着嗑儿，盼望着瑞雪兆丰年。这就是东北人家的味道。

　　从前厨师分两类：一类是庄馆厨，就是在饭庄、饭馆里上灶的师傅，手艺高超，能做参鲍翅，还必须有本事把同一道菜做一千遍不走样儿。另一类是家厨，也就是大户人家自己的厨师，讲究要做出家的味道，用最平常的食材也能做出让家里人吃着特舒服的看家菜。后来没了家厨，可厨师也能分成两类：一类是饭店的厨师，一类是单位食堂的大师傅。大师傅与家厨有几分相似，得让同事们吃舒坦了，即便是做馒头、米饭，也有本事做出花样儿来，关键时候还得能顶得上劲。我就认识这么一位大师傅，他能把单位的剩馒头做出您想不到的花样儿。

　　食堂蒸馒头，一蒸一大笸箩。馒头的吃法可太多了，除了直接吃，还可以烤着吃。整个烤或切成片儿烤都行。相对来说，整个烤会更香。外头那层馒头皮烤得焦黄油亮，掰开了冒着热气，透着一股浓郁的麦香。切成片儿烤未免太单薄，中间也不够暄腾。

　　馒头片儿最适合的吃法是炸。用水把馒头片儿两面拍湿了，下到滚油里一炸，焦香酥脆，涂上芝麻酱，蘸上白糖，吃起来感觉特过瘾！有人问为什么拍水？拍水的目的是不让油吃进去太多，油大了吃起来腻。当然，要是裹上蛋液炸就更香更漂亮了。

再有就是炒馒头。把馒头切成丁儿，葱姜焌锅，加虾皮哗哗一炒，随便浇上些青黄瓜、青菜，直接就是一顿饭。

馒头的吃法虽多，可一般人未必吃过烩馒头。有句话叫："馒头见了水，活人见了鬼。"馒头用水一泡，立刻变得糟烂，没了筋骨，怎么吃呀？可也别说，这位大师傅有一手看家绝技，能烩出让人意想不到的馒头来。

有一回夜里十点多了，单位几位老领导大概是加班聊事情聊饿了，兴冲冲来到食堂："师傅，麻烦您给我们弄点什么吃吧，别太油腻，最好来点儿稀的。"这位大师傅一看，厨房里就剩下两棵白菜和三个硬邦邦的凉馒头。这可怎么好？他灵机一动，忽然想起了曾经听一位家厨讲过的烩馒头。

葱姜炝锅，先把白菜汤熬上。顺手舀出半碗面粉"哗哗哗"打成稀糊。三个馒头切成手指肚大的方丁儿，往稀面糊里一蘸，薄薄的挂上一层浆——这就是诀窍。

等白菜汤呱啦呱啦滚开了，把馒头丁儿往热气腾腾的汤里一推，外层的面糊立马凝固，封在里面的馒头丁儿让热气一熏，瞬间变得柔软，漂在热汤上，成了一个一个小巧的面丸子。加盐，点酱油，撒胡椒粉，出锅。嘿！吃起来是外面劲道里面柔润。几位领导吃得这美！一盆烩馒头一会儿见底儿了。

多少年之后，其中一位老领导退休了回来探望，还特意来拜访这位大师傅，打听烩馒头究竟是怎么做的，准备学了在家做给老伴儿尝尝。因为他吃遍东西南北，再也没吃到过那么好吃的馒头。

看来所谓大内高手，不在会做什么参鲍翅，而是能把最普通的东西做出不一样的滋味来。

　　北京朝阳门里有个地名叫禄米仓。从前，这地方全是存米的粮仓。

　　禄米是什么？就是沿大运河从江南运进京城的大米。清代的时候，朝廷按季度发给旗人禄米作为口粮，这就叫"铁杆庄稼老米树"。怎么是老米呢？为了防止饥荒，按规矩国库里得存够三年的粮食，发下来的米自然就不是新米，而是放了三年的陈米。有种说法说旗人是"老米嘴"，就是这个意思。

　　老米缺少油性，直接焖饭吃渣渣粒粒，口感不佳。不过倒是有个好处，就是特别适合炒饭吃。炒过米饭的朋友都知道，越是糙米越不黏，炒出来的饭是一粒一粒的，越吃越香甜。传说清代的时候，官宦人家请厨师，试手艺就是试"炒米饭"，饭炒得好才能录用。这么一来,炒米饭也就成了区别社会阶层的标志。直到今天,有些上了岁数的满族人见面还问:"府上还吃炒饭吗？"

　　炒饭也分三重境界。通常的炒法是:先炒熟鸡蛋，再把隔夜的剩米饭下锅翻炒。这种炒法的关键在于炒蛋要用中火把油烧六成热，炒出的蛋既不会煳，又泡嫩鲜香。蛋是蛋，饭是饭，利利落落。

文艺范儿的炒法是：把隔夜饭倒进烧热的油里，直看到饭粒满锅跳舞，淋入打好的蛋浆。炒的时候不断颠锅，要把饭粒往上抛起来，趁着蛋液还没凝固让每粒米上都沾满金黄色的蛋浆。这还有个说法叫"金裹银"。当然这需要相当的臂力。据说慈禧就好这口儿。如果再撒几粒葱花，又可以叫作"蝶恋花"。这种炒法香是香，但有个问题，就是发干，容易噎人。而且炒的时候蛋浆里要多加油，否则蛋浆散了包不住饭粒。

还有一种炒法，属于大饭店里的技巧。就是把头天剩下的米饭用蒸锅熥烫熥透。这一熥，饭粒自然就散开，这时候再浇上蛋液。蛋液立马凝固在滚烫的饭粒上。稍微翻炒几下迅速出锅。这种炒法出品迅速，开三十桌的宴会都不成问题。而且吃起来软润，不觉得噎人。

米饭不管怎么炒，传统上都是用头天剩下来的隔夜饭好。隔夜饭微微发酵之后饭粒分得开，炒出来的饭才干净利落。新焖的饭发黏，一般很少直接下锅炒。不过现在也有个妙招，是把刚做好的米饭放在冰箱里急冻，让饭粒表面收缩，据说效果不错。

北方人理解的炒饭不言而喻是指鸡蛋炒饭。可您要真到了扬州，炒饭还分三大类。除了各种蛋炒饭，有一类是各种青菜加米饭烩炒，叫做"菜拓饭"。另有一类是用油、盐、葱花加米饭干炒，谓之"油炒饭"。或许在扬州炒饭太过于家常，以至于一般人家请客都没有上炒饭的。

扬州原本并没有一种叫"扬州炒饭"的炒饭。据说让扬州的炒饭上档次的是清代嘉庆年间的书法家伊秉绶。他在扬州当知府的时候，常聚集一群文化人到他府上吟诗作画，也称"雅集"。雅集过后自然要吃点既简单又雅致的饭食。伊家的家厨就把炒饭进行了一番改良。加进虾仁、瘦肉丁、火腿、笋丁等等细料，创造出精致的什锦蛋炒饭，这也就是现在通常说的扬州炒饭。

后来伊秉绶告老还乡回了福建老家，也把炒饭传了过去，当地人根据自己的理解又发展出了福建炒饭。至于扬州炒饭和福建炒饭的区别，有人说扬州炒饭是干的，福建炒饭是湿的，也有人认为福建炒饭叫炒饭底、烩饭料，有点类似于烩饭。总之是两种不同方式而已。

清末民初，很多福建人漂洋过海下南洋，炒饭也就传到了东南亚，慢慢加进当地的佐料，又演化出了印尼炒饭。

豆腐

如果问："中国的四大发明是什么？"大多数人会说："还用问？不就是指南针、火药、造纸和印刷术嘛！"可在厨师眼里未必是这么回事。厨行所说的中国四大发明指的是豆腐、豆芽、面筋和松花蛋。这其中豆腐无疑又是重中之重。

做豆腐的原料是大豆，古人称为菽，是和稻、黍、稷、麦并列为五谷的主食。五谷是充饥用的，味道本来在其次，但大豆却兼具了菜的特性，除了解饱，味道更是鲜美。古人觉得它好吃，发明出让它鲜到淋漓尽致的豆腐，起了个美妙的名字叫菽乳，却说不清它为什么这么鲜。现代人弄明白了，豆腐之所以鲜是因为富含蛋白质。于是豆腐也就不知不觉成了支撑起我们这个古老文明最重要的蛋白质来源，就像牛羊之于欧洲，骆驼之于北非，羊驼之于南美。没有稳定的蛋白质来源，也就不会有强大的文明。

中华大地，从前北方人缺大米，南方人少白面，豆腐却可以南北通吃，不管哪儿的人都喜欢。豆腐的吃法更是五花八门，什么文思豆腐、口袋豆腐、莲蓬豆腐、锅塌豆腐、麻婆豆腐、干烂豆腐等等，随随便便就能说上一大串，这还不算千奇百怪的豆腐制品。豆腐可以相当复杂，也可以非常简单，可以入御膳，也可以很家常。在中国，无论是富人穷人、古人今人，似乎没有人没吃过豆腐。豆腐就是最经典的中国菜。

瞿秋白那篇著名的《多余的话》里，最后写到："中国的豆腐也是很好吃的东西，世界第一。永别了。"瞿秋白是文学家，更是一位彻底的革命者。他最后留给世人的话竟然是说豆腐的，足见豆腐的余味悠长。

豆腐可以和各种菜肴同烹，也可以自成一味，怎么吃怎么有。至于豆腐怎么吃最顺口，倒是因人而异。《水浒传》里戴宗认为是加料麻辣煸豆腐。《红楼梦》里宝玉觉得豆腐皮包子是极好的，于是特意留给晴雯。

让我念念不忘的豆腐，是在黑龙江五大连池吃的。饭碗里就那么一整块洁白硕大的豆腐，上面拌了一勺子大酱，点了几滴殷红的辣椒油。淳朴得不能再淳朴，简单得不能再简单。夹上一筷子，柔嫩微弹，吃上一口，香淡通透。舌头还没咂摸尽滋味，筷子已然又被勾引得奔豆腐去了。轻轻一触，颤巍巍又是一块豆腐进嘴。没有化，只是满口充盈着咸辣鲜香都盖不住的豆腐味儿。至于这种做法叫什么，当时没问，后来请教过几位东北朋友，也没一个明确的说法，姑且就叫大豆腐吧。

回到北京按当时的印象试着做了几回，都不是那个味道。或许是因为东北的大豆好？或许是因为五大莲池的泉水清？不得而知。以至于很多年后，我都怀疑是否曾经吃过那么一块好吃的大豆腐。

直到有一天，翻阅萧红的《呼兰河传》，看到一段文字："豆腐加上点辣椒油，再拌上点大酱，那是多么可口的东西；用筷子触了一点点豆腐，就能够吃下去半碗饭，再到豆腐上去触了一下，一碗饭就完了。因为豆腐而多吃两碗饭，并不算吃得多，没有吃过的人，不能够晓得其中的滋味的。"不由猛然一愣，却原来，在萧红的故乡，确实存在过那么一块有吸引力的大豆腐，令人难忘。

焖子

磁州焖子

早年间，冀东沿海地区昌黎、滦州、乐亭一带的人有个专有称谓，叫"老呔儿"，也有写成"老奤儿"的，听起来特喜兴。至于为什么这么叫，有各种各样的说法。有的说是从前关外人对关里过去做买卖的生意人的戏称，也有的说是乐亭二字的谐音，老呔儿们自己说是从老太爷演化来的，没个定论。

一方水土养一方人。老呔儿们脾气秉性相似，生活习惯相同，一说话都甩起打着弯儿的尾音，听着就跟唱评戏似的。在吃上当然也有着共同的口味，最经典的就得说是焖子。

焖子看起来像肉皮冻，可又不是纯肉皮做的。做焖子是在炖肉汤里加进剁碎的五花肉，冲白薯粉面子调和成糊，再上笼屉蒸出来的。当地人不叫做焖子，而是叫"剁"焖子。五花肉要剁得细碎如饺子馅儿，加在浓的拉黏儿的肉汤里，放葱姜、料酒、酱油等调料入味儿，兑在预备好的白薯粉面子里调和成卤，一边兑，一边用筷子朝一个方向搅拌均匀了，不能让里头有粉疙瘩。调成稠浆之后，迅速浇进一小盆滚开的炖肉汤去。这汤的稀稠可大有讲究，稠了发僵，吃着夹生，稀了发飘，吃着糟烂，要让它不稠不稀，得掌握好了筋劲儿。调好了醇厚的汤汁，倒进一个叫"镟子"的广口浅底陶盆里，打散一颗鸡蛋甩上，用筷子轻轻拉出鱼鳞花，图的是漂亮，上笼屉蒸半个钟头，只蒸得肉香满屋之时，柔糯劲道的焖子就算"剂"好了。

剂好的焖子如果晾凉了切成厚片儿直接吃，就是最普通的蒸焖子，也可以和大白菜、黄豆芽一起烩着吃，甚至可以代替肉涮锅子。尽管柔软，但您放心，焖子是不会煮碎的。要是把焖子放在铁铛上用油煎得两面发焦，就成了外酥里嫩、吃着喷香的煎焖子，这可是绝好的下酒菜。如果那盆调好的稠汁不上屉蒸，而是直接下进葱姜炝锅的热油里煸炒成油亮的胶冻儿，可就又成了炒焖子。看来，吃焖子的花样还真不老少。渤海湾边上还有用蛤蜊汤剂的海味儿焖子，味道自是格外鲜美。

老呔儿们当初多是精明节俭的生意人，过节过年还是能吃上几斤肉的。但既要享受到肉味儿，又得适当省着，所以就琢磨出这种解馋又实惠的焖子来，而且吃出了不同的花样，这本身就透着一种乐观的生活态度。

所谓焖子，我理解就是蒸熟了的白薯淀粉坨，可以加肉，可以加菜，还有什么都不加，过油一煎直接蘸酱油、醋、蒜泥、芝麻酱吃的。河北吃焖子的人不止是老呔儿，各地的做法和吃法上也不大相同。可不管怎么做都是图个香滑软嫩，说白了就是肉的替代品。近些年不同了，肉便宜了，焖子也精细了，比如要是到了邯郸，就能吃上品相漂亮的磁州焖子。

磁州焖子讲究用滚开的排骨汤把白薯粉面子烫得黑亮半熟，和上精肉馅儿和淀粉浆，裹上鸡蛋皮上笼屉蒸熟。做好之后方方正正的一大块切成薄片码放好了，从侧面一看，外表是黄灿灿的蛋皮，中间是红润的肉芯儿。最有意思的是它的吃法——蘸芥末酱，吃到嘴里清香爽口，既解腻又刺激，引得人忍不住多吃上几口。这或许是焖子的升级版吧！

　　端午节，吃粽子。千百年来中华同此习俗。黏糯的粽子把人们的思绪和汨罗江永久粘连在一起，岁岁年年，怀念那位高洁的诗人，不朽的屈子。

　　粽子花样可真不少，有秤锤形的，有斧头形的，有斜四棱的……不过最早的粽子只有一种，牛角形的，叫做"角黍"。

　　角黍的历史比屈原早。西周时每逢夏至必要祭祀百物之神，仿效上古以牛角祭祀的风俗，用菰叶和黍米包裹成牛角形的角黍。夏至这天，寒气趋于消尽，热气日渐饱和，用生于阴柔之水的菰来包裹被称做"火谷"的黍，体现了"阴阳尚相裹"。先民们用这样质朴的语言与大自然沟通着。如今，包粽子已经很少用菰叶了，而喜欢用箬竹叶或苇叶。当然也用其他的叶子的，比如荷叶、甘蔗叶，乃至芥菜叶……

　　魏晋以前，端午和夏至并行于世，都是人们祈福的节日。那时端午只是"卫生节"，人们挂艾草、洗菖蒲浴防病除瘟，而夏至则更多寄托了人们对日月轮回的体验和对物候的理解。因为这两天总是离得很近，日久天长，夏至的许多民俗渐渐被赋予了端午。角黍也就和端午结了缘。那么，怎么又叫粽子了呢？按照李时珍《本草纲目》的说法是，因为角黍很像棕榈的叶心。

端午和屈原联系起来是六朝以后。楚越之地投食入江以祭水神的风俗古已有之。屈原在五月初五"赴清冷之水，楚人思慕，谓之水仙"。一方面，百姓把屈原当水神来祭拜；而另一更深层的方面，六朝时的文人感怀于政事衰败，怀着"世溷浊莫吾知"的心绪，把一腔孤愤寄托到爱国的屈子身上，也就创作出了"因为担心祭祀屈原的米装在竹筒里被蛟龙偷吃而用楝叶裹上，用彩丝缠上，由此发明出粽子"的故事。古老的粽子正是得益于这哀婉的故事而飘香千载。

粽子的口味千差万别，而且一反"南甜北咸"的规律，往往是南咸北甜。南方粽子多用酱油浸泡糯米，甚至有用猪油、卤汁先把米烧透了再包馅的。所用馅料更是丰富，有鲜肉的、火腿的、鸭肉丁的、蛋黄的，也有猪油炒过的豆沙，还有用艾叶浸米包成的艾香粽。福建的粽子更复杂，要包上海米、香菇、卤肉、莲子，在骨头汤里慢慢煮透，直煮得金红油润，咸鲜香腴。趁热蘸上蒜蓉、沙茶酱、辣椒酱吃才算有味道，所以叫做"烧肉粽"。这种粽子还漂过海峡，传到了台湾。台湾人做肉粽，先卤一锅五花肉，把蒸到七成熟的糯米饭拌上卤汁，用竹叶包了，放进卤肉、香菇、海米再蒸熟。台式肉粽咸鲜可口，带着竹叶淡淡的香气。

相对来说，北方的粽子很单纯，以江米小枣为主，而且通常蘸着白糖吃。端午前一天，把苇叶煮到由绿变黄，再用凉水洗净，这样包起来叶子不会破碎。包的时候叶面朝上，一张张理顺铺平，落成扇面似的一叠，一只手托着三四张苇叶折成斗状，另一只手包进浸泡好的江米，嵌上几枚朱红小枣，然后小心翼翼地用翘起来的长叶子裹严斗口，再用马莲草扎结实，一个粽子坯就算做成了。

包上一堆见棱见角的粽子，放进清水锅里。入夜时分，坐在煤火上，慢慢地煮呀熬呀，水"咕嘟嘟"开着，蒸汽悠悠地飘散着，裹挟着苇叶的清馨和糯米的芳香渗透到空气中……就这样一直熬煮到煤乏了，天亮了，一锅粽子熟透了。

夹出个温暖的粽子，仔细剥去粽叶，露出的是一颗清香扑鼻、晶莹滑润的粉团，真格是"有棱有角，有心有肝，一身清白，半世煎熬"。

元宵本非食品名，而是指每年第一个月圆之夜，也就是正月十五晚上。"元"是"开始"，"宵"指晚上。古人认为从这时起，一元复始，大地萌春，必要祭祀祈福，张灯结彩，后来演变为节日，也就成了元宵节。至于用雪白的糯米粉制成球状的元宵是怎么个由来，现在已经无据可考，有说是东方朔发明的，也有说是唐太宗犒劳郭子仪的。南宋诗人宋必大虽然在《平园续稿》里写下了"元宵煮食浮圆子，前辈似未曾赋此"的诗句，但并没有具体描述。直到明代，《皇明通记》里才有了"以糯米粉包糖如弹，水煮熟为点心，一名糖圆"的记载。而且还记录了永乐十年"正月元宵赐百官宴，听臣民赴午门外，观鳌山三日，自是岁以常"的掌故。

元宵节北方多吃元宵，南方多吃汤圆，两者类似，却又有所区别。做元宵要把小方块似的馅料放在装满糯米粉的大笸箩里均匀地摇，直摇得白烟滚滚，气象万千。一边摇还要一边适度喷水，类似于中药水丸的制作工艺，需要起母、包衣，也算是门手艺。现在有了专门摇元宵的机器设备，用手摇的少了。元宵很少有家里做的，但大都买回来在家里煮了吃。而汤圆是把磨得极细的糯米粉加温水和面，包上调好的馅料再团成小球，像包包子，一般家里就可以制作。

　　汤圆一年吃四季，现在大江南北的超市里随时可以买到。而元宵是典型的节令食品，每年只在正月里才有的卖，而且南方少见。据说台北也有元宵，在罗斯福路上有家"生计糕饼店"，每到元宵节专门卖手摇元宵，很多小孩子都特地跑去看，体味那种独特的游戏感。

　　生元宵怕热，若是捂了煮出来会发红；可也不能冻，冻了的会裂，一煮就碎。所以吃元宵都是现买现煮，要是去那些经营元宵的店铺吃现摇现煮的最好——店铺的门口一边哗啦哗啦摇着，另一边灶台上的大铁锅里滚开着的白汤上始终翻滚着一个个乒乓球似的元宵，特有节日气氛。料峭寒风中热乎乎来上一碗，从里到外都透着暖和。元宵不仅可以煮着吃，还能炸着吃。北京卖元宵最有名的当属锦芳小吃店，每到元宵节，店里都会排起一条买元宵的长龙，可谓是北京正月一景。在太原则是老鼠窟元宵非常出名。

　　元宵馅儿一定是素的、甜的，像山楂白糖、玫瑰白糖等等，讲究甘爽甜香。而汤圆馅儿可荤可素，可甜可咸，像宁波的猪油汤圆油润香甜，上海的肉馅汤圆汁液鲜美。还有成都著名的赖汤圆，是清末一个叫赖源鑫的小贩发明的，有黑白芝麻、花生仁、核桃仁等馅料，据说和馅儿时加了鸡油，皮薄细滑腻，馅浓香入髓，可谓汤圆中的佼佼者。《随园食单》里记载的用滚熟的萝卜丝加葱、酱、麻油制成的萝卜汤圆和用捶烂的去筋嫩肉加松子、核桃、秋油做成的水粉汤圆则更为精细。

较之汤圆的细滑柔润，元宵要粗糙些，煮出的汤也不够透亮，可歪打正着，有些人偏偏爱喝这稀粥似的汤。马三立在相声《吃元宵》里拿孔夫子开心，说圣人带着徒弟去小馆子吃元宵，总共买了仨元宵，结果把肠虫勾上来了。子路问："伙计，元宵汤怎么卖？"伙计说："汤是白喝不要钱。"子路一想，黏黏糊糊的跟杏仁茶似的："给盛三碗汤。"圣人喝着好呀，也喊："伙计盛汤。"结果每人喝了三十几碗元宵汤。圣人还喊："伙计盛汤。"伙计急了，说："您别喝了，我们的元宵都成锅贴了，您找地方喝茶去吧。"笑话是假的，却有着生活基础。

元宵不是汤圆，但还真叫过一回汤圆。一九一五年冬天，袁世凯自命为"洪宪皇帝"，转过年进了正月，忽然听见街头巷尾卖元宵的吆喝。袁世凯一听"元宵"顿时联想到"消袁"，反感之极，于是下令"元宵改叫汤圆"。遗憾的是，这既没有改变他遗臭万年的下场，还多了一首讽刺他的童谣："大总统，洪宪年，正月十五卖汤圆。"元宵终归还是元宵。

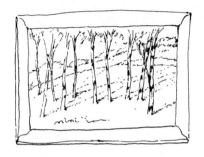

在哈尔滨火车站前的广场，每天都能见到这样的景象：匆匆进站的旅客一手拉着行李箱，一手费力地拎着三四个扎紧口的粗布小麻袋，上面印有漂亮的俄文，里面像是装了半个篮球或是小锅，沉甸甸、圆鼓鼓、硬邦邦的。其实里面既不是篮球更不是锅，而是一种大面包，当地人叫"列巴"。

松花江畔的这座城市充满了异域风情。中央大街铺着长条石，街边的建筑尖顶圆窗，索菲亚教堂雄伟绮丽，果戈理大街永远弥漫着淡淡的焦煳香——秋林公司烘烤的大列巴又出炉了。

当地卖列巴的不少，不过数秋林最出名。百十来年前，这家店的老板是个叫秋林的俄国人，专卖俄国风味的各色食品。不但有大列巴、黄油、鱼子酱，还有一种纯肉制成的立陶宛红肠。枣色的外皮上布满均匀而细腻的褶皱，里面的肉干香密实，吃起来有股烟熏的芳香，当地人管它叫"里道斯红肠"。秋林最早的店员多半有俄国血统，穿着漂亮的店服，待人热情大方。不管本地居民还是外地游客，都喜欢光顾这里。几十年下来，"走呀！上秋林去！"演变成了哈尔滨特有的生活方式。

"哈尔滨一大怪，大面包像锅盖。"黑面做的列巴粗粗笨笨，看上去丑得可爱，据说是用啤酒花发酵三次，在特制的烤炉里用大兴安岭的杂木烤成的。列巴硕大敦实，直径一尺多长，厚度足有一巴掌，一个就有四斤重，头一次见它的人无不为之震撼。别看它外表棕黑发硬，用手指一敲梆梆响，底下还有层厚厚的硬壳儿，里面的瓤子却很松软。

在哈尔滨，列巴不算西点，而是买回家当饭吃的主食。这玩意儿耐储存，家里买上俩列巴一吃就是一个礼拜。即使在夏季，放上几天也不会变质。当初，俄国"十月革命"一声炮响，把大批的沙俄贵族赶到了哈尔滨。他们带着大列巴在这里定居下来，建教堂，开商店，过着平民的生活，也把自己的习俗传进这座城市。

很多外地人从哈尔滨大老远背个列巴回家，然后直接切了像吃普通面包那样吃。列巴嚼起来不甜不咸，而且微微发酸，那股原始淳朴的粮食味让很多人吃不惯。原来列巴在吃之前是要用小火烤的，抹上黄油，中间放上个现煎的鸡蛋或者夹上几片蒜香浓郁的红肠，越嚼越有味。若给小孩子吃，可以把列巴瓤撕碎了泡在热牛奶里，滑润柔韧，别有一番情趣。

　　列巴的绝配是苏波汤，哈尔滨很多家庭都会做。俄语里"汤"的发音近似"苏波"，大概是当地人看见自己的洋邻居总喝红菜汤，就觉得"苏波"专指红菜汤，还习惯性地在后面加了个中国化的"汤"字。于是，哈尔滨的红菜汤变成了苏波汤。红菜汤在南方又叫"罗宋汤"，不过确切地说，红菜汤和苏波汤并不完全一样。地道的俄式红菜汤用的是牛肉，汤里除了洋白菜、番茄、土豆、洋葱之外还必有甜菜和香叶，再滴上几滴柠檬汁，喝的时候要加进一大勺奶油。而苏波汤的口味已经汉化了，很少见加柠檬和奶油的，甚至可以用猪肉、猪骨熬汤。

　　离开了哈尔滨，苏波汤也不多见，幸好可以买到一种用列巴发酵的汽水——格瓦斯，一种从遥远的俄罗斯传来的特色饮料，气泡细腻，颜色金黄。喝上一口冰凉清冽的格瓦斯，浓郁的酵香沁透全身，再啃上一片列巴，那叫一爽！

　　列巴本是舶来品，却已和哈尔滨的生活交织在一起，成为一种象征、一种文化，让松花江畔的这座城市芬芳独具。

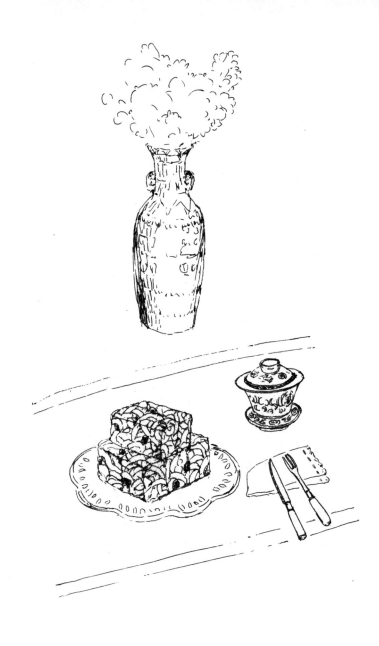

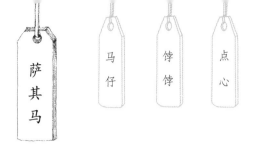

　　萨其马本是满族点心，这么个怪名字其实得自于音译。按传统制作工艺，做这点心需要把半成品先切成小块再码放起来。而在满语里，"切"的发音是"萨其非"，"码放"是"马拉木壁"。把这两个词各取一段拼在一起就成了"萨其马"，也有写做"赛利马"、"沙其马"的。这道点心传到香港后入乡随俗，多了个名字叫"马仔"。巧的是香港盛行的赌马被叫做"赌马仔"，当地人渐渐形成了在赌马前吃"马仔"以讨口彩的风俗，号称叫"食马仔，赢马仔"。

　　萨其马的传统做法是在白面里加牛奶、鸡蛋清、白糖，和好了擀成薄片切成细条下进香油里炸。炸到表皮酥脆、中空外直，再放到掺了黄油和桂花、蜂蜜的糖浆里沁透。成型后撒上金糕丁、青梅丁、瓜子仁等果料，然后切成小方块码放起来晾凉了。做好的萨其马就像一窝柔润透亮、金黄油润的金丝条盘踞成齐整秀巧的金砖，上面镶嵌满了红红绿绿的碎宝石，浸满了蛋香、果香、奶香和蜜香混合而成的特有醇香。

　　《清文鉴》上说萨其马是"狗奶子糖蘸"，这里的狗奶子并不是狗的乳汁，而是清代初期撒在萨其马上的一种东北特产果料。至于究竟是什么，多年来没有定论。近年来有人考证说是蓝靛果。这种浆果盛产于东北大地的沼泽灌木或高山丛林里，抗寒能力强，吃起来酸酸甜甜的，晒干之后很像是葡萄干。

经典的萨其马是棕红色的，上面点缀着鲜艳的青丝、红丝，口味比较重。后来经过发展又衍生出了许多新品种。现在超市里卖得最多的是改良后的粤港式萨其马，没有青丝、红丝，中间会点缀些黑白芝麻，口感松软清淡。

有意思的是，萨其马的原始用途并不是给人吃的，而是清太祖的福陵、清太宗的昭陵以及清朝远祖肇、兴、景、显四祖的永陵每年大祭、小祭和皇帝东巡致祭的时候必备的祭品。事实上北京绝大多数点心最初的用途都是祭祀、上供或各种婚丧嫁娶活动中的礼仪用品，比如上供用的蜜供，大、小八件，娶媳妇用的龙凤喜饼，新女婿上门用的蓼花等等。

点心的制作工艺几乎全是烘烤、油炸或蜜饯，就是为了起防腐作用。清道光二十八年所立《马神庙糖饼行行规碑》中规定，饽饽是"国家供享、神祇、祭祀、宗庙及内廷殿试、外藩筵宴，又如佛前供素，乃旗民僧道所必用。喜筵桌张，凡冠婚丧祭而不可无，其用亦大矣！"这里所说的饽饽就是现在的点心。在清代刑罚里，剐刑中最后致命的一刀叫"点心"。老北京人忌讳，便随了旗人的习惯把点心叫成饽饽，而专门制作出售点心的店铺也就称为饽饽铺。买回饽饽或摆着上供或送亲戚朋友，当然也可以自家享用。

北京话里点心和小吃并不是一回事，这一点和南方有所不同。浙江人袁枚在《随园食单》里把汤圆、烧饼、麻团乃至藕粉通通归为点心，但北京人不这看。北京人觉得那些只能算是小吃。小吃是随便点补着吃的，因此又叫"碰头食儿"。点心要比小吃精美得多，也雅致得多，因为点心里承载着庄重的礼仪。所在直到今天，人们逢年过节走亲戚看朋友仍然有拎上两盒点心的传统。

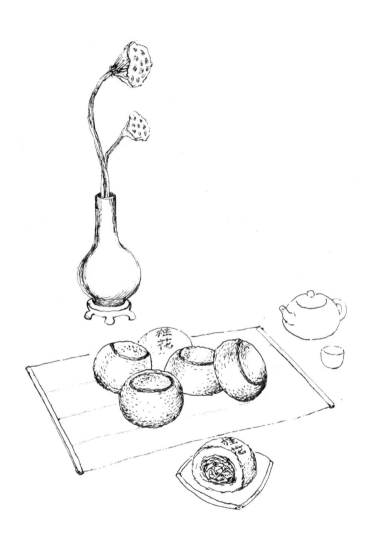

"月亮斜，中秋节；吃月饼，供兔儿爷……"

中秋时节，天那么高，那么蓝，那么清澈，人的心情也透着格外敞亮。市面上各色月饼给这怡人的节日平添了几分甜蜜和温馨。什么五仁月饼、翻毛月饼、提浆月饼、广东月饼……让人目不暇接。各地的月饼口味不同，其中最有京范儿的就得说是自来红了。

自来红，用地道的北京音读起来第二个字应当是轻声，听起来是"滋了红"。这种月饼个头儿不算很大，一斤能称十来块。它不是用模子刻出来的扁平圆饼，而是圆鼓鼓的，像个深棕色小馒头。朝上的鼓面上也没刻着花里胡哨的图案，而仅仅在正中央印了个深棕色的圆圈。如此朴素的小玩意儿，做起来却绝不能将就。那必须是按照一定的配比，用香油把面和透了做皮，把冰糖渣、青丝、红丝、核桃仁儿、瓜子仁儿用白糖调成馅料。烤炙的火候掌握到不煳不生，色泽均匀才行。

掰开小巧的自来红，会闻到一股扑鼻的浓香，晶莹剔透的冰糖像水晶一样镶嵌在碧绿的青丝和鲜艳的红丝之间，看着就喜兴。咬上一口，皮酥松不艮，馅爽口不粘，只觉得唇齿间疏松绵润，怎么不让人越吃越喜欢？

从前中秋祭月，供桌上少不了月饼，但并不是什么月饼都有资格上供。祭月的月饼必须是素的。别看自来红小巧玲珑的，却有着庄重、古朴的气度，自然担当得起供月的重任。

古人认为甜蜜的味道充满了高贵和神秘，可以和光明美好联系在一起，所以上供的吃食必是甜的。先人们用甜蜜的美味来祈祷幸福，而这些美味往往又成了祈祷的对象。这已然成了一种礼仪、一种文化，既是对甜蜜生活的赞美，也寄托了对团圆的憧憬。北京普通人家祭月供的都是两碟自来红。简单朴素，却考究庄重。当然，"心到神知，上供人吃"，上供撤下的素果最终还是给自家人吃的。

和自来红相对，还有一种月饼叫自来白，大小、形状和自来红非常相似，只是颜色不同。它的表面是乳白色的，底上呈麦黄色。所不同的是，自来白和面用的是荤油而不是素油。自来白吃起来口感比自来红更绵软，味道也更浓厚，馅儿也比自来红随意，有山楂白糖、桂花白糖、青梅白糖、豌豆、咸瓜瓤等等。可是，因为自来白算是荤品，不能用来供月，只能买来自己家吃或者送给亲戚朋友。

　　与这两种京式月饼风格迥异，却又有异曲同工之妙的是江南的苏式鲜肉月饼。周正饱满的小饽饽烤得焦黄，有的撒着黑芝麻，有的印着个红圈圈，里面写着"鲜肉"二字，看着朴实却也考究。

　　鲜肉月饼当然不能用来上供，原本也很少用来送礼，大多是买了自己吃。这种月饼现烤现卖，托在手里隔着纸盒都感觉到烫手。鲜肉月饼吃的是个酥香，最好是买了立刻趁热吃。那馅料可比京式月饼肥实多了，咬开咸香酥韧，层层叠叠里渗着猪油香的月饼皮，中间是一颗仔腻的大肉丸子。吃上一个保管让您丰腴满口，顺着嘴角吱吱流油，咂巴着嘴，香到心里，感受到江南千年的富足气。

街边吃得随意

朴素的街边吃食，饱含着独特的韵味。哪怕尝过千遍，也让人惦记挂念。

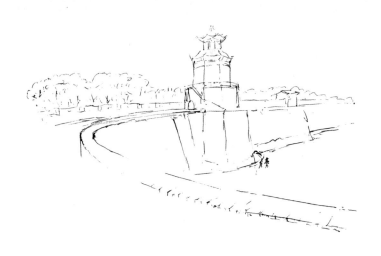

八珍汤　　清和元　　稍梅　　帽盒

头脑

　　很多人是从梁羽生的《七剑下天山》里知道明末清初傅青主的。那位三绺长须、面色红润、儒冠儒服的无极派大宗师，令无数武侠迷为之癫狂。不过历史上的他却并不是靠武功扬名立万，而是靠才学、医术、孝顺和民族气节。更有意思的是，他把这四者融而为一发明了一种特色名吃——头脑。他家乡太原的父老们，每到秋冬时节大清早睁开眼的第一件事，必是去"赶头脑"。

　　"头脑"是种早点，类似于面糊汤。名字听来也许有些恐怖，不过里面并没有稀奇古怪的东西，只不过是用大块的羊肉、羊骨髓、藕根、山药、酒糟和上炒过的面粉慢慢熬成的浓汤。要说特殊，就是里面必须有黄芪和良姜这两味调养脾虚胃寒的中药，加起来一共八种。相传，这种吃食原是傅青主为自己体弱多病的老母亲调配的滋补汤，本名"八珍益母汤"，简称"八珍汤"。

　　明亡，傅青主悲痛万分，出家当了道士，隐居在故里太原。他总是身披朱红色的长衫以示不忘"朱"明王朝，于是大家叫他"朱衣道人"。因为他医术高明，很多乡亲常来找他看病。

　　傅青主把八珍汤的烹制手法传给了一家小店铺，并且为其题名"清和元"，又特意在边上写了"头脑杂割"四个小字。凡遇体弱者他总会交代："从明天起，赶天未明之时打着灯笼去'清和元'吃'头脑杂割'，吃过了冬天就好了。"病人按他的吩咐每天大清早从家跑到清和元锻炼上这么一遭，再吃上一大碗热乎乎的滋补汤，直吃得从头顶暖到脚心，浑身上下微微冒汗，五脏六腑都通泰。这么吃上俩仨月，自然是活血健胃，精神饱满，步履轻快。于是一传十、十传百，渐渐地，半个太原城的人不等天亮都打着灯笼争先恐后地赶着去吃头脑了。于是，"赶头脑"也就成了太原一景。多数"赶头脑"的人们并未意识到，傅青主是在用这种方式表达对故国的怀念，抒发对亡国的愤恨——寓意要割了"元"和"清"的脑袋，恢复大明的江山。据说傅青主至死依然穿着那件红袍。

　　转眼三百年过去，他所痛恨的王朝早已不在，但赶头脑的习俗却被传承下来。从深秋到翌年初春，老太原人仍然会天不亮就去"赶头脑"，而那些经营头脑的店铺门前仍然要挂一盏纸灯笼作为标志。

　　乳白浓润的头脑，盛在大碗里，不稠不稀。尝上一口，绵滑中透着微甜，清淡里带着醇浓，还有股若隐若现的酒香。就上一碟搭配的腌韭菜，咸鲜味出，咀嚼那大块的羊肉、山药和藕块也异常鲜美。

吃头脑要成龙配套，讲究配上一壶温热的黄酒、二两稍梅，外加个帽盒。黄酒要选杏花黄酒或北芪黄酒，浓得像蜜一样才好；稍梅就是烧卖，当然要吃热腾腾的羊肉韭菜馅的；帽盒是一种太原特有的空心烧饼，形似帽盒，味道咸香，掰碎了泡在汤里是越嚼越有味道。一套热乎乎的头脑大餐下肚，肠胃里涌动着热流，暖暖的，带着微醉。

话又说回来，头脑作为吃食的名称，并不是傅青主的创造。《水浒》第五十一回有段话："那李小二人丛里撇了雷横，自出外面赶碗头脑去了。"这里的头脑应该是头脑酒，原写为"酘醪"。"酘"是再酿的酒，"醪"是没去酒糟的甜酒，后来谐音演变成了"头脑"。傅青主发明"头脑"时或许是受了头脑酒的启发也未可知。

嘎巴菜不是菜，是一碗热腾腾、稠乎乎的面片儿羹。天津人把它当早点，而且也只能在天津卫才能吃上嘎巴菜。

天津自来商贸发达，混事由儿的人多，在街面儿上吃早点的人自然也多。麻花儿、炸糕、煎饼果子等等各色早点丰富别致，这其中最有特色的就是嘎巴菜。

嘛是嘎巴菜？用普通话说应该叫锅巴菜。可假如您老在天津真念成了锅巴，天津人会觉得很奇怪，就像北京人听见您把"前门"念成了"前门儿"。

京津一带有些名气的吃食总喜欢和皇上扯上关系，嘎巴菜也不例外。传说当年乾隆微服私访，在天津一家煎饼铺歇脚，想来碗稀的滋润滋润，可煎饼铺一没有粥二不卖面。咋办？老板娘一琢磨，把刚摊好的绿豆煎饼切成条子装进碗里用开水一泡，淋上香油、酱油、芝麻酱，撒上香菜，热腾腾地端上来。饥肠辘辘的乾隆一喝，感觉还真不赖，于是问："你这叫什么呀？"老板娘没听准，以为问自己的名字，顺口答道："郭八。""汤叫'锅巴'不太妥，再加个'菜'字才好。"乾隆一边说一边抹嘴走人。第二天，几名侍卫吵嚷着来到煎饼铺，进门就喊："店家，你大福来了！"原来乾隆吃着舒坦，特派人来犒赏。从此这个煎饼铺改名"大福来"，专卖嘎巴菜，一直传到如今。

故事只是故事。据老天津卫讲，当初卖嘎巴菜的遍街都是。上世纪三十年代，西大湾子有家张记煎饼铺的老板得了个大胖小子，乳名"大福来"。他家的嘎巴菜口碑甚好，一来二去，到大福来家吃嘎巴菜成了一种时尚，铺子索性改名叫"大福来"了。

其实煎饼泡汤也不是始于乾隆。早在清初，蒲松龄就写过记载鲁中地区煎饼做法、吃法的《煎饼赋》，其中写道："更有层层卷折，断以厨刀，纵横历乱，绝似冷淘。汤合盐豉，末锉兰椒，鼎中水沸，零落金绦……"这恐怕就是嘎巴菜的原型。

天津的繁荣源于漕运，很多山东人正是背着层层卷折的煎饼沿运河到天津谋生的。在商贸发达的天津城里，煎饼的吃法自然要比乡村讲究，煎饼果子和嘎巴菜也就应运而生了。

做嘎巴菜的煎饼用的并非纯绿豆面，而是用八成去皮绿豆磨的面，掺上两成老米研的粉和的糊摊成的。有意思的是，虽说它叫嘎巴菜，可摊的煎饼讲究必须是纯豆青色，不能见半点煳嘎巴。就这手艺，没几年的工夫甭想。摊好的煎饼再一刀刀切成柳叶似的细条子，天津人管这叫"膀子活"。

嘎巴菜好吃不好吃很大程度取决于卤，必须熬得从开吃到吃完都不能澥才算到家。通常的卤是纯素的，讲究用清油煸炒的小茴香和香菜根调配上面酱、酱油、大料粉、葱、姜等等小料熬出来后，用上好的高粱淀粉勾芡，再撒上切成指甲盖大小，经过炸、焖、煨制而成的豆腐香干。不过也有用五花肉片加黄花、木耳熬煮的荤卤。将熬好的卤盛放在大木桶里，浸上切好的煎饼条子轻轻搅拌均匀。食客们吃的时候用木勺舀上一碗，浇上澥好的芝麻酱、酱豆腐，点上鲜红的辣椒油，撒上翠绿的香菜……据说一碗地道的嘎巴菜要有三十八种配料，经过七十二道手儿才能完成。

喝一碗热腾腾的嘎巴菜，酱香里含着清清豆香，素淡里透着醇厚，柔软中裹着滑润，犹如沐浴着海河上飘来的晨风。

　　北京有一些"名不符实"的小吃，比如"炒肝儿"。如果您觉得这是一盘爆炒猪肝或者熘肝尖之类的下酒菜，那未免会很失望。因为这只是一碗勾了芡的稠汁，颤颤巍巍盛在高桩小瓷碗里，棕红晶亮，浓香扑鼻。汤汁里的主料是肥肠，上面浮着的几小块猪肝仅能算做点缀。

　　炒肝儿是北京人早点里的汤饮，通常搭配着猪肉包子一起下肚。特别是秋冬时节，大清早享用这么顿套餐，有干有稀，滋润舒坦，心里格外暖和。一碗温热的炒肝儿端上来，那食客若是不动筷子不用勺，只是一只手托着碗足，拇指慢推，四指轻摇，悠然地转着，同时把嘴凑在碗边上"吸溜吸溜"地抿着，那他必是地道的老北京。这么喝的妙处在于即使喝到碗底，醇厚的汤汁依然腴润，不澥不凉。

　　炒肝儿虽是粗食，却和文化人关系不浅。上个世纪初，前门外鲜鱼口胡同路南有一家叫"会仙居"的小酒铺。别看它只经营些简单的酒菜，却常有些文人频频光顾，这其中就有当时颇具影响的报人杨曼青先生。他吃了老板用猪下水仿效白水汤羊做的汤菜后感觉味道欠佳，于是给老板出主意：

用大料、口蘑汤等等调料把下水炖透了，添上酱，撒进蒜泥，熬得稠稠的，改名叫"炒肝儿"得了。

在猪下水里，肝相对来讲算细料，甚至可以直接做成熘肝尖上席。用它来命名，听起来很有诱惑力。而这里所谓的"炒"，并不是滚油翻炒，而是老北京话所讲的一种烹饪手法，指的是用小火把食材慢慢地糗透，熬出浓厚的稠汁。这种说法据说是受了满语影响。类似这么叫的小吃还有炒红果，是一种把新鲜红果加上冰糖熬出浓厚红汁的甜品。

也是，羊杂碎是鲜嫩的，清炖起来非常可口；猪下水有腥臊气，当然需要用作料去腥、提鲜、佐味。经他这么一指点，做出来的炒肝儿备受食客青睐，就连附近广和剧院听场的戏迷散了场也都喜欢跑过来喝上碗炒肝儿当夜宵，于是有了句俗话叫："会仙居的炒肝——没早没晚。"加上报纸一宣传，这"炒肝儿"的名号还真渐渐传开了，甚至有人编出个俏皮话："猪八戒吃炒肝——自残骨肉。"

一碗简单的炒肝儿，还凝聚了北京人特有的幽默。当时的北京，时局动荡，人们难免整天心神不安的。也不知是哪位高人竟然把这种心态和炒肝儿扯到了一处，造出个歇后语叫："会仙居的炒肝儿不勾芡——熬心熬肺。"这句话传进老板的耳朵里怎么听怎么不是味儿。他心想：这熬心熬肺的跟我有什么关系？一生气把原料里的心和肺给去了，而且真就勾上芡。不想没过几天，北京城里多了句数落人的话叫做："会仙居的炒肝——没心没肺。"

日久天长，好这口儿的吃主儿越来越多，模仿着做的也为数不少。民国二十二年，在会仙居斜对面又开了一家叫"天兴居"的铺子，专卖炒肝、包子，和会仙居抢开了生意。天兴居熬制炒肝儿非常用心，吃起来是肥肠滑软，肝尖脆嫩，浓汁晶莹而不肥腻。而且改良工艺，熬的时候把大蒜辫子扣在锅底下，吃起来蒜味儿十足但却看不见蒜，还用鲜酱油替代了黄酱，甚至用上了当时非常时髦的"味之素"。渐渐地，天兴居竟然后来居上，吸引来很多会仙居的老主顾。

"一声过市炒肝香。"转眼到了新中国成立后的公私合营，天兴居合并了会仙居，成了鲜鱼口专营炒肝儿的老字号，传承至今。

前些日子，网上爆发了一次关于豆腐脑的咸甜之争，竟然转帖十几万次，好不热闹。其实"南甜、北咸、东辣、西酸"，本无所谓对与错，一方水土一方口味罢了。

南方很多地方本没有豆腐脑这个叫法，而是说"豆腐花"。在广东，豆腐花浇上糖卤或砂糖，清爽滑润，是消夏解暑的最佳甜品。特别是别致的姜汁豆腐花，甜辣适口，渗透着姜汁特有的微微麻鲜，不仅可以饱口福，似乎还能够调理心绪。

上海的豆腐花是咸鲜的。从大木桶中间舀到碗里，浇上酱油、香油、辣椒油，撒上虾皮、紫菜、香葱末……哎哟哟，鲜到眉毛都掉下来了。那淡淡的回味，让人吃上一口总想着第二口。

四川、重庆一带的豆腐花也叫"豆花"。一瓷盆滚开的豆浆端上餐桌，厨师当着您的面点上盐卤，眼见那浆液瞬间凝固成丝丝缕缕雪白的菊花，如云似絮，娇嫩如花。颤巍巍盛上一小勺放在小碗里，点上醇香的麻油、辣香的红油，撒上馨香的芝麻、清香的香葱末，加些辛辣的蒜泥、鲜辣的青椒，再添上些胡辣的糍粑海椒……丰饶的香与辣中包裹着乳嫩的豆花，吸吮上一口，怎不让人觉熏熏然独异？湖北豆腐脑传统的吃法是加了馓子、芝麻、葱花、胡椒粉和炸酥的黄豆，吃起来咸中微辣。不过近十几年不知为什么，竟也渐渐变甜了。

北京人吃豆腐脑只吃咸的，浇的不是酱油、醋，更不撒香菜、虾皮、榨菜，而是用特意熬制的卤。吃豆腐脑，品的就是醇厚的卤香。

要说卤，还得数清真的好。老北京天桥和门框胡同的白记豆腐脑，还有老东安市场的马记豆腐脑，鲜醇的卤汁融化在北京人的肠胃里，让许多北京孩子记上一辈子。

讲究的卤汁做法，要把口蘑渣充分浸泡，用盐杀去细沙，澄出清澈的鲜汤，勾兑上鲜酱油，添上剁得极细的羊腿肉丝熬煮成汁，再用菱角粉或是纯绿豆淀粉勾上靓芡，调出一盆鲜香扑鼻的厚卤。

当然，豆腐脑本身是否细腻也影响着口感的好坏。想要点出嫩滑的豆腐脑，必得选去了皮的好黄豆。用凉水泡了，上石磨研成细细的浆。点豆腐脑的石膏也有讲究，是把煅烧后的石膏碾成极细的粉才好。这还不够，豆腐脑是否点得够意思，诀窍全在"抖浆"上。行家是用一根绑上小勺的长木棒均匀地搅拌浆液，不慢，不紧。若是慢了，底下定住了，上面还是稀的;可若抖紧了,刚刚定上的膏又让自己抖散了,把握分寸全凭手上的感觉。怎么才算抖好了呢? 往豆腐脑上滴几滴水,一滴一个小坑,才算恰到好处。

锃亮的铜勺轻轻地撇上一勺豆腐脑,手腕迅速一翻,"啪"地一下稳稳扣在浅底碗里,像座颤巍巍的小山丘,白如玉,嫩如脂。大大浇上一勺橙红晶亮的卤汁,撒上雪白的蒜泥,点上几滴通红的辣椒油,嘿! 那是怎样的醇美! 若是再配上个现烤的芝麻烧饼,一口香酥,一口细嫩,您就尽情地享用吧! 一碗、两碗怕是不能尽兴的。

和豆腐脑类似的是老豆腐。很多人以为老豆腐就是点得老的豆腐脑,或是点得嫩的豆腐,其实这两样吃食的口味截然不同。豆腐脑是用石膏点的,喝着清淡鲜嫩;而老豆腐要用盐卤点,还要用微火炖,吃起来结实,还有股卤水味儿。再有调料,豆腐脑浇的是卤汁,而老豆腐则撒韭菜花、酱油、芝麻酱。若是讲究,还应该点上几滴卤虾油。在吃的时辰上也有区别,豆腐脑是早点,而吃老豆腐大多在午睡之后直到黄昏。所以有人把豆腐脑的况味比做十五六岁的小姑娘,而老豆腐则更像风韵犹存的半老徐娘。

生煎

上海的早晨，石库门前的法国梧桐被吹得沙沙作响，弄堂里隐隐约约传来黄浦江上的汽笛，忙碌的一天即将开始。

走在弄堂口或菜场前，常会看到小铺子前的灶台上架着直径一米多长的铸铁大铛，里面挤挤挨挨排满了圆溜溜的小馒头。铁铛后站着一位围着油滋滋围裙的师傅，正在不紧不慢地向铁铛里洒水。随着一阵"刺刺啦啦"的响声，腾起的水雾顿时笼罩了铁铛里的馒头。师傅潇洒地顺手撒上几把乌黑发亮的芝麻，再撒上一把香葱，一铛均匀点缀着翠绿和乌黑的馒头，泛着焦黄，喷着浓香出锅了。不过，这馒头不是通常的实心白面馒头，里面不但有鲜嫩的肉馅，而且有滚烫的汤汁。这就是曾被《福布斯》评为全球必吃美食的生煎馒头。

上海话受古吴语影响，并没有包子一说。肉馅包子就叫肉馒头，菜馅包子叫菜馒头，如果里面什么馅也没有，那就叫白切馒头。放在小笼里蒸熟的馒头就是小笼馒头，若是用抹上油的铁铛生生地煎熟，那就叫做生煎馒头了，也简称为生煎。

生煎论客卖，通常一客四个。若是堂吃，店家会用铲子铲出一客滚烫的生煎，盛在雪白的搪瓷圆盘里。这时喝一碗咖喱牛肉汤，堪称绝配。若是带走，则给你装在一个牛皮纸口袋里。那些端着钢精锅来买生煎的，则必是周围石库门里的老街坊。

生煎真是好味道。底子酥脆金黄，周边皮薄绵软，内里汤汁浓郁，肉馅鲜嫩，呼呼冒着热气。趁热尝鲜，好吃得不得了。吃的时候要小心了！若是硬生生地咬上一口，那一包滚烫的汤汁要么滴在自己的裤裆上，要么溅出一道弧线飘到对面那位的面孔上。老道的吃客们先是轻轻咬破一点皮，看到里面满满的汤汁，吹上几口气晾晾，或者滴几滴醋进去，轻轻嘬一口汁水，立时一包稠而不腻的鲜美汤汁顺着舌头浸润了整个口腔。之后慢慢咀嚼那亦柔亦酥的面皮和肉汁里包裹着的鲜甜肉香、清馨葱香，还有那点点芝麻香，那个味道好吃得嘞，被打了耳光也不肯放的。

不过，并非所有的生煎都有这么多汤汁。创建于一九三二年的上海本帮生煎的鼻祖——大壶春生煎恰恰是以皮厚、汁少而著称的。

最早的大壶春开设在过街桥下，狭窄的店堂里容不下一只熬牛肉汤的大锅，而仅有一壶大麦茶作为配食生煎馒头的饮料。主人借鉴了"壶中日月长"的况味，希冀自己的生意长久不衰，起了个俏丽的店名"大壶春"，不想一转眼真就传了八十年。

大壶春的生煎个头大得确实像个小馒头，用的是全发面的皮子。煎好后的皮子暄腾、白净、蓬松而不失咬劲，隐隐蕴含着一股酵母特有的香气。里面的馅心是一大颗紧密结实的肉疙瘩。汤汁极少，口感却依然润泽，一口一个，甜丝丝的，一点儿不油腻，所以又号称"肉心帮"。这家的生煎还有个特别之处，就是通常生煎烙的时候都是圆溜溜的光面朝上，唯独大壶春的生煎是带褶皱的一面朝上，底下是一个焦黑厚实、酥脆的小圆垫。

独特的美味对于络绎不绝的游客们是享受，对于许多老上海则是弄堂里还没有褪色的生活。一只滚烫的生煎，浓缩了大上海的小风情，让现今穿梭奔忙于大厦丛林里的人们偶尔回想起曾经的老腔调。

对夹

　　早点，是地域性极强的吃食。往往是一个地方的早点只能在当地有，也只在当地吃才是味儿，换个地方即便做得一模一样，也未必是那个味道。道理在于，其味道不止来自早点本身，还在于当地的环境、气候，乃至吃早点的那些人。就比如赤峰的对夹。

　　若干年前，我去过赤峰，当时的火车还是夕发朝至。刚下火车，就被直接安排去吃早点，餐桌上除了特意体现内蒙风情的奶茶以外，就是一大盘子张着嘴的火烧，中间夹满了肥瘦相间的熏五花肉。火烧外壳油黄亮润，捏在手里是又酥又脆，用拇指轻轻一按，外表一层酥壳竟然碎裂开来，赶紧用手托住，连忙咬上一口，只觉得层层叠叠的面皮唰啦啦迎牙裂开，满嘴里充满了面香、油香和肉香。主人介绍说，这叫对夹，是只有在赤峰才能吃到的早点。

　　据说对夹起源于驴肉火烧，是民国初年一对河北苏姓父子琢磨出来的，起初只是把精瘦的驴肉换成了肥润的熏五花肉。五花肉油大，熏着吃味重，吃起来解馋顶时候。赤峰地处塞外，汉蒙杂居，是农区通往牧区的交通要冲。街面上运货的、赶脚的、做生意的各路人等清早起来到铺子里瓷瓷实实吃上两个塞满熏肉的对夹，这一走就不定多老远出去了，兴许就进了大草原。特别是到了冬天，风沙大，气温低，出门在外肚子里没点油水那怎么行呢？

后来人们觉得仅仅是火烧夹肉还不够过瘾，又对火烧的工艺进行了改良，做火烧的时候还要在擀开的大面饼上擦酥。所谓"酥"，就是用小米面和煮肉的汤油调成的面泥。小米面没黏性，揉到面里烙出的饼皮有一种渣渣粒粒的细碎感，和上汤油，吃起来越发显得酥脆。把这样的酥子调匀了涂在白面饼上，卷起来醒上个把钟头，再揪成一个个剂子，擀成手掌心大小的小饼子，上大铁铛烙。一翻，再翻，又一翻，饼肚鼓胀，起酥出层，饼皮就算做好了。若是再用酥油涂一遍外皮，二次入炉急火一烘，那壳就能酥得不敢碰了。

烙好的酥饼使小刀从侧面切个口子，两头一挤撑开大嘴，用竹夹塞进肥瘦相间的熏五花肉去，直到塞不下为止，一个丰满的对夹就算做成了。当然还可以更讲究，就是把夹满熏肉的对夹成串，码放在一个铁托子上回炉再烤，让肉的油脂完全化进面饼的缝隙里，饼香融进肉香，肉香裹着酥香。一口咬下去，酥脆浓香，仔细品来，还隐隐带着熏肉的烟香，这便是属于赤峰独有的奇香了。

这几年，洋范儿的汉堡包早已不再新鲜，驴肉火烧也遍布了都市的大街小巷，陕西肉夹馍甚至成了互联网餐饮的旗帜，大有成为写字楼标配的态势，可跟汉堡包、驴肉火烧、肉夹馍极为神似的对夹却没怎么见到过。或许因为它油太大不适合当今的时尚？或许因为做起来太麻烦？或许它真的只适合那座塞外之城的水土以及那些匆忙往返于大草原的客官？不得而知了。

汽糕

在浙皖赣三省交界的大山深处隐匿着一个叫开化的小县。县城不大，却有一条江水穿流而过，古朴的小城也因为哗啦啦的江水一下子活泼起来。这是芹江，当地人说，它可是钱塘江的源头呢！

清晨的芹江雾气缥缈，江边漂洗衣服的阿婆时不时挥动棒槌敲打几下青石板上浸湿的衣物，发出带着水音儿的"啪啪"声。岸边的早点摊上白汽升腾，笼屉里正蒸着一种叫汽糕的早点，洁白晶莹，夹杂着香干丝和瘦肉丝，点缀着艳红的辣椒丝和翠绿的香葱末，温香中透着清爽。

刚出笼的汽糕看着是一张雪白粉嫩的大圆饼，饼面点缀着花里胡哨的菜料，俨然一个漂亮的大花盘。卖家用长刀把花盘切成一牙牙的菱形块，放在大竹匾上。过路的人们买上一牙，咬一口，蓬松弹牙。开化人的一天就从一块咸鲜中带着些微辣的汽糕开始了。据说，出了开化，是吃不到纯正口味的汽糕的。

汽糕的传统做法要把糙米泡透，拌上酒糟，伴着皎洁的月光推磨研浆，用芹江之水调配得干稀适宜。研好的米浆架在炭火盆上微微熏温，缓缓酝酿。等上几个钟头，待到米浆发酵，插上根筷子能挺立不倒，酒香、米香融为一气之时，才能蒸出清甜的好味道。

蒸汽糕最好用那种祖辈传下的大蒸笼，几辈子的油烟熏出一层浓重的烟火气，让米香、水香、酒香之中又渗进了清醇的竹木香，这样蒸出来的汽糕包容了水火，怎么能不香煞人呢？

蒸好的汽糕不仅可以直接吃，还可以晾凉后用温油略微一煎，焦黄松香，吃起来别是一番好味道。这种吃法更受小孩子们欢迎。吃上一块上学去，提起一天的精气神。

据说汽糕本是开化七月十五中元节祭祀用的供品，传统的汽糕要用七月半熟的籼谷做成。后来，或许是当地人得意于汽糕的口味，不知什么时候这种吃食竟然演变成了开化小城里一年四季的早点。以至于早春时小溪里的青虾、山间滋出的嫩笋都可以成为汽糕精致的配料。

汽糕的配料花样繁多，最经典的要数肉丝、香干，还可以有木耳、豇豆干、笋干、虾仁，乃至于野葱、野菜也可以点缀在汽糕上。所以有人觉得汽糕应该写成"菜"糕，理由是在开化方言里"菜"字的读音就念"汽"。

也有人倾向于写成"气糕",理由是民国三十八年的《开化县志稿》里有这样一句话:"重阳,则以米和水磨浆,蒸为气糕食之。"况且"气"字让人联想起五行之气、五方之气、五脏之气、和顺之气,乃至阴、阳、风、雨、晦、明之自然"六气",太初、太始、太素之"三气",等等,好像看上去更有气势。不过我倒觉得,写成"汽糕"更能体现出它特有的那种松软,和那股暖暖的乡土气。

开化的早晨,就像一块热腾腾的汽糕,那份惬意温润,把人一下子拉回到藏在记忆深处某个角落里的小城,淡淡的鲜醇自然而然,让人觉得前生或许来过。

　　"兰州人三天不来个'牛大碗'心里就七上八下，'钢糪，钢糪'的不是个滋味！"这被兰州人看成主心骨的"牛大碗"到底是什么？就是当地随处可见的兰州牛肉面。

　　有人说了："嗨，不就是'兰州拉面'嘛？现在全国各地到处都是。"错！在兰州当地见不到一家挂"兰州拉面"招牌的面馆，那里大街小巷见到的是牛肉面。

　　清晨的太阳照耀在蜿蜒的黄河上，宛如九天飘落的一匹银绸穿过初醒的兰州。街头大大小小的牛肉面馆里已是座无虚席，男女老少每人都捧着个"牛大碗"有滋有味地吃着。玻璃窗后，头戴白帽的小伙子正将手里的面团拉扯抻拽成长长的白丝带，不时在案板上拍打得"啪啪"作响，同时不经意似地问顾客："二细？毛细？""大宽？韭叶子？"客人话音刚落，就见那丝带在他两手间回旋萦绕，变戏法似地拉出了一把客人吩咐的面条，手顺势一抬，扔进了身边滚着水的大锅里。

　　在其他地方的面馆吃面可以选择的是浇头，面往往都是一样的。唯独在兰州，一家面馆里只有一锅汤，可以选择的却是千变万化的面。猛汉们可以要"宽"甚至两指多的"大宽";温婉的主妇则往往选"韭叶子";随和的人通常吃"头细";文静的妹子最喜欢丝滑的"毛细";爱刺激就让师傅拉一碗棱角分明的"荞麦楞"……那面拉出的形状之多足以让人眼花缭乱。但不管怎么拉,都能做到一根不断。

面煮好后盛在碗里用筷子捞一下再放下,那面能站住。能做到这种地步据说是因为和面时添加了蓬灰,也就是生长在戈壁荒滩上的蓬蓬草在深秋枯黄后烧成的灰。它赋予了牛肉面西北汉子般的筋骨。现在有人说吃这东西对身体不利,可兰州人吃了上百年了却没见什么不好,而且个个目光炯炯,特别有神。

面馆里有专门的捞面师傅,时刻盯在面锅旁,看准筋劲儿把面捞出来盛在大碗里,浇上一勺清汤,吃起来软硬正合适。那汤是做牛肉面的撒手锏,是用甘南吃野草长大的牦牛肉,加上牛肝、牛头骨、棒子骨,配上当地特产的绿萝卜片和十几味调料,在特大的铁罐里熬出来的。汤清亮得像水一样,却是水中生香。把这生香之水浇在面上,香透了碗里的每一根面,也香透了吃面人的肌骨。

　　若不特别声明，师傅会照惯例在汤里加上清煮萝卜片和牛肉丁，撒上香菜、蒜苗，然后浇上磨得喷香的油泼辣子，红亮的油漂在清汤上，映衬着汤之清、面之白、菜之绿和碎牛肉丁的醇香，那么艳丽，那么提神。——这才是一碗"一清、二白、三绿、四红、五碎"的兰州牛肉面。吃的时候再抄起大醋壶倒上香醋，让酸辣鲜香包裹着那仅属于兰州的柔韧一起下肚，直吃得神通仙灵。

　　兰州人并不认为各地的"兰州拉面"就是兰州出神入化的"牛大碗"，不仅仅在于名称，更重要的是那不可复制的口感。那口感来自于从天而降的黄河之水。兰州人用这水养牛、熬汤，和面、煮面。这水让牛肉面清亮、带劲、生香。那口感还自于兰州特有的空气。兰州海拔高、气压低，水滚开时到不了一百摄氏度，这样的水煮出的面才有那份特有的筋道和柔韧，盛在碗里才站得住。

　　对于出门在外，每每想起"拉面千丝香"的兰州人而言，面对随处可见的"兰州拉面"，只能感叹"回首故乡远"了。

　　提起桂林，大多数人想到的是鬼斧神工的俊秀山水，而桂林人想到的却是一碗热气腾腾的米粉，或锅烧、或脆皮、或牛腩、或酸辣……在他们眼里米粉并不是小吃，而是生活必需品，若是一两天没吃，整个人都打不起精神。猜猜这个六七十万人的城市每天要吃掉多少米粉？二十来万斤！桂林人的一生，就是吃米粉的一生。

　　清晨，走在桂林的街头，您会发现隔十几步就有一家米粉店。不大的店堂里两三张小方桌上摆放着盛满各种调料的瓶瓶罐罐，十几号人围坐在四周的小板凳上，每人手里都捧着一个小搪瓷盆——那是由市里统一配发的米粉专用餐具——盛着香喷喷的米粉。食客们或吃得酣畅淋漓，或正仔细地高挑慢拌。这时几位老哥匆匆进店高声喊："老板，冒二两卤粉，多切点锅烧！"桂林人的一天，就这么开始了。

　　桂林本地人常吃的米粉大致有三种：卤粉、汤粉和炒粉。其中最受青睐的，是浇上卤水后干拌干吃的卤粉。吃完之后，必会盛上一碗免费的骨头汤，慢慢地喝到神清气顺。至于那种精巧的小茶盏里盛着两片马肉、一根粉的马肉米粉，现在当地人并不常吃。

卤粉是古老的味道，相传源于遥远的秦代。始皇帝发兵来岭南开凿灵渠，也把吃面条儿的方式传进了八桂大地。不过桂林不产小麦，只好用大米碾粉做成面条儿。直到抗战之前，当地人还把米粉叫成"米面"。而作为卤粉精髓的卤汁，则源自秦军的保健汤，是为了排解岭南的瘴气而用各种药材调出的。

从前的米粉店都是自家碾米制粉。现在米粉店用的米粉大多是工厂加工好的长长的细条盘成的粉团，每份二两重。临吃时用开水一焯，须臾间，粉团舒展开来，变成了一窝滚圆溜滑、润白灵动的鲤鱼须。老桂林把这叫做"冒"。几十年前那些脚踩木板鞋，踏着石板卖担子米粉的小贩索性吆喝成"冒热米粉！"

冒好的米粉柔润肥糯，却是有滋无味。米粉的诱人之处一大半来自浇在上面的那勺淳厚浓香的卤水。熬卤水并没有统一的工艺，而是各家有各家的高招儿，各店有各店的配伍，所用的配料少则几味，多则三十多味，除了常见的豆豉、大料、桂皮、小茴香，还有陈皮、甘草、香茅、草果等等药材，加上冰糖，配上猪筒骨、牛脊骨熬上三天两夜，之后用文火始终暖着。有客人吃时，深深地舀上一勺，浇在冒熟捞干的热米粉上，滴滴浓香渗进去，卤水与米粉顷刻胶合成一碗卤粉。

老桂林品评卤粉的标准，除了看卤水，还有一样，就是码放在卤粉上的那几片薄薄的锅烧。所谓"锅烧"，是用肥瘦相间的带皮五花肉煮透后下油锅炸成的一块金黄酥脆的大肉。店家抄起菜刀唰唰几下，片片香酥脆韧的锅烧就整齐地码放在卤粉上。有了这法宝，寡淡的米粉即刻丰腴，吃到嘴里像是坐过山车。

在小店里吃米粉多是"半自助"，除了卤水和锅烧，其他的配料都在小方桌上的瓶瓶罐罐里，任凭您随意添加。用油炸过的黄豆叫做"酥豆"，再加上能酸进牙根的酸笋子和柔韧耐嚼的酸豇豆，这三样是吃卤粉的绝配，必须添足。油爆辣椒和拍碎的蒜米也不能少，香菜和葱花等等就随您喜好了。

说来也怪，其他地方的桂林米粉店怎么也做不出当地的味道，即使请来当地的师傅也仍旧不成。想来想去，恐怕奥秘是在漓江的水上，或许唯有熔铸奇峰峻景的漓江水才能点化出卤粉的神韵吧！

不是每座城市都有自己的味道，但桂林有，桂林的味道是酸。

在桂林人的语言里"酸"并不是形容词，而是名词，专指大街小巷里那些俊男靓女们挑在竹签子上或托在小塑料碗里一边走一边吃一边吸溜着口水的酸泡菜。桂林的"酸"不是压桌小菜，而是像瓜子一样可以随时随地吃的零嘴儿。在外乡人嘴里，也叫"桂林酸"。

酸的品种五花八门，最常见的有脆生的萝卜和莴苣、清爽的黄瓜和包菜、柔韧经嚼的豇豆和刀豆、酸中带辣的子姜和米辣椒，还有不常见的藠头、萝卜叶、佛手瓜、凉薯……当然还有水果，什么芒果酸、李子酸、马蹄酸、苹果酸……甚至西瓜皮也可以做成酸，似乎没有什么果蔬不可以成酸。

若是路过街头巷尾那些挂着张记、王记等等简单字号的小酸店，没等您进门，那阵阵爽洌的酸气就会顺着鼻孔直钻到喉咙，刺激得您满口生津。再一抬头，柜台上整齐排列的玻璃罐子里那些令人眼花缭乱的酸品立马撞进你的眼帘——红的艳丽、白的通透、紫的妖娆、绿的俏式、黄的明快……

样样让人垂涎三尺，样样酸得通透，酸得爽利。面对如此强烈的"色诱"，谁还能矜持得住？顿时，嗓子眼里仿佛伸出一只手来，恨不得马上抓点什么填进嘴里。

"酸"很便宜，花不了几个钱就能买上好几样。挑上自己中意的各色条条块块，老板会用长长的竹签子给您戳上一串，不好串的萝卜丝、藕片则盛放在小塑料碗里，撒上些嫣红的辣椒粉和炒得喷香的白芝麻，让那种种甜酸脆爽点缀上红白相间的朵朵桃花，之后就可以坐在只有一两张桌子、四五个小凳的店堂里慢慢地过酸瘾了。

要讲最地道的吃法并不是坐下来慢品，而是就那么举着、托着心爱的"酸"招摇过市。穿行于桂花树下熙熙攘攘的人流之间，美美地边走边吃，任凭那混合着桂花香气的淡淡酸气游荡在街巷深处，招惹得两旁路人忍不住口水横流，回头观望。

酸并不是只能在小店里吃，桂林人家家户户都可以做。腌酸要用极干净的坛子，凉开水里放进大盐、冰糖、生姜，还要加上二两桂林特产的三花酒，爱吃辣的加朝天椒，爱吃香的添花椒粒，最好再放上些甜竹笋，之后各种蔬果就随性添加了。做酸的蔬菜要事先洗净晾蔫，这样才容易入味。盖严盖子，用水封上，放在阴凉处等上一天一夜，一坛子清秀的酸就腌好了，桂林人把这叫"起酸坛"。

别看同样是酸，但各家的味道却有微妙的差异。街坊四邻相互串门儿的时候，主人都乐意捞几样酸出来作为待客的零嘴儿，让大家尝尝自己的手艺。捞酸的筷子或勺子一定要非常干净，绝不能沾上半点油星，否则这一坛子酸就会长毛发霉，前功尽弃。看来，酸是极干净的东西。

酸中的经典当属爽脆的白萝卜条。"咔嚓"咬上一口，一汪酸甜微辣的汁水顺着牙缝滋进嗓子，顿时让人神清气畅。酸藕片有些淡淡的涩，但也有不少特定的"粉丝"。芒果酸和番石榴酸的味道太别致了，酸酸甜甜中带着优雅的果香气，吃起来感觉异常美妙。而酸笋子、酸豆角、酸刀豆、酸姜、酸辣椒等等则是当地人炒菜烧鱼的绝配。

桂林人的生活缺不了这通鼻腔、透脾胃的"酸"。您若是到了"叶密千层绿，花开万点黄"的八桂之地，千万别忘了过一把酸瘾。

过桥米线　划米线　酸浆米线　干浆米线

脸盆似的大海碗，盛满牙色的清汤，很透亮，也很平静，没有半缕雾气。二三十个小碟子摆一大片，码放着片得飞薄的宣威火腿、鸡胸脯、里脊片、猪腰片、肚头片、鱼片……还有青翠鲜嫩的豌豆尖、乳白甜脆的芽草段、嫩黄的姜丝、乳白的腐竹、艳红的辣椒段以及炸好的香脆、切好的叉烧等等花红柳绿的配菜，外加两颗玲珑剔透的鸽子蛋。另一个白瓷碗里盘踞着发髻般长长的白净米线——这就是一套云南名吃，过桥米线。

千万别急着喝那汤，倘若上来就猛吸一口，您的口腔会被烫起几个大泡！那层牙色是一层极薄的鸡油，油下面罩着的滚烫清汤足有摄氏一百七十度！不信？把鸽子蛋打进去，眼见着熟了；把各色肉片推进去轻轻一搅和，眼见着变色了。接着放进七七八八的配菜，再把那碗米线倒进去一涮，撒上香葱，稍等片刻，挑出几根晶莹剔透、水灵筋骨的米线尝尝，几十种鲜香甘润同时袭来，让您的味蕾应接不暇。

那鲜爽无比的滋味来源于一大碗用两只母鸡、一只老鸭以及猪筒子骨、火腿加上盐巴熬制出的至浓鲜汤，以及刚才下进去的二三十种特色配料。吃过米线，仔细咂摸着奇香沁人的热汤，或许还有些若隐若现的苦香气，那是因为熬汤时加了云南特产的三七。

咦？怎么没见"桥"呢？

很多人好奇"过桥米线"这个名字的来历，有人会提到这样的故事：一位聪慧的妻子每天拎着一瓦罐鸡汤过一座小桥给在湖心岛上苦读的丈夫送饭，厚厚的鸡油盖住了汤的热气，汤始终暖暖的。夫妻见面，妻把纤细的米线倒进汤里一涮，丈夫吃了，心里也暖暖的……故事很温馨，不过总觉得有些牵强。

也有人说是因为米线从小碗挑到大碗里的过程像是过了次桥，在汤里涮得滚烫后要挑回小碗里晾晾再吃，于是又过了一次桥，所以叫做"过桥米线"。

还有人说那些作为浇头的肉和菜实在是丰盛，而这些过量的浇头原本是先作为下酒的小菜，酒喝好后再涮米线，所以本应叫做"过浇米线"，堂倌喊白成了"过桥"，大家听着挺好，也就将错就错了。

或许是因为过桥米线阵势宏大漂亮，吃法热闹别致，正如彩云之南的艳丽多姿，以至于近年来风行全国，而"过桥"也似乎成了米线的代名词。不过在昆明，米线并非仅有"过桥"一种。徜徉于昆明街头，那些路旁小店里的米线品种足以让人眼花缭乱，像辛凉酸爽的凉米线、酱香浓郁的焖肉米线、油润香脆的脆旺米线、风味独特的臭豆腐小锅米线，还有鳝鱼米线、铜锅米线、豆花米线……样样吃起来余香满口，不免令人"五色光中望欲迷"。

有意思的是，在昆明人的嘴里，吃米线并不叫"吃"，而是叫"划"。"老爹，烫碗米线给娃娃划划嘛！"这才是昆明人的语言。或许米线只有划拉着吃才更滑爽，更过瘾吧？在昆明划米线您还会被问及"是划粗还是划细？"这粗细说的可不仅仅是米线的直径，而是两种不同的口味。粗的是传统工艺发酵出的"酸浆米线"，柔爽回甘，有着独特的酸香。细的是现代工艺磨米成粉后挤压出的"干浆米线"，线细而长，滑韧耐嚼。各有各的味道，想划哪种，悉听尊便了。

卤煮小肠曾经是老北京骆驼祥子一路拉车卖苦力的爷们儿解馋的粗食，里面有猪肠子、猪肺等下水，和为数不多的几片肥肉。若是加上些炸豆腐和半发面的火烧，就成了卤煮火烧。汤浓味厚，有稀有干，热乎乎的一大碗下去，真顶劲！

许多人想不到，这不登大雅之堂的吃法竟然源自精致细润的苏帮菜。

话说乾隆第五次下江南，从扬州带回一位厨师，为他在御膳房专门设立了"苏灶局"。这位师傅善做大鱼大肉，而且惯常用丁香、官桂、甘草、砂仁等等中药配伍调味。做出的菜芳香醇厚，口味诱人。更有意思的是，他并不把调料直接下到菜里，而是用纱布包成个小口袋煎汤。这么细腻的做法，既可以避免药材渣滓掉进汤里破坏口感，也透着特别的神秘。日子久了，"苏灶"渐渐演化成了"苏造"，于是苏灶上做来的菜也就成了"苏造肉"、"苏造肘子"、"苏造鱼"……那个神秘的小口袋就成了"苏造包儿"，用它煎出的汤就叫"苏造汤"。不过，宫里并没有苏造小肠，更没有卤煮火烧。

后来这"苏造"的手艺传出了紫禁城，就连东华门外专门伺候大臣上朝的早点铺也卖起了"南府苏造肉"。猪肋条切成两寸多宽的薄片儿在大锅里炖着，肉煮得酥烂，汤熬得醇香，夹在马蹄烧饼里一吃，甭提多美了。

清朝末期，好这口儿的吃主儿大多家道中落，逐渐穷到吃不起硬肋，只好用小肠、肺头等下水代替大肉，用精简了的调料熬成的"卤"来煮，吃起来也还有那么点儿意思，卤煮小肠就这么诞生了。

后来也不知是哪位爷，索性把随身带的火烧掰碎了放进卤煮里一烩，没承想歪打正着发明出了卤煮火烧。再加上切成三角的炸豆腐，亦菜亦饭一大碗，反倒让更多的穷人也尝到了醇厚过瘾、香烂不腥的味道。一来二去，竟然发展成了风味小吃。

吃这口儿最好在冬天，讲究要从滚开的锅里盛出来趁热吃，图的就是那口浓厚的锅气。在地道的卤煮店里，碗底儿和火烧是分开点的。碗底儿，就是那碗卤煮小肠。火烧，在大锅里用卤汤咕嘟着，浸足了醇厚的汤汁儿。食客根据自己的口味可以配一个、两个甚至三个火烧，师傅夹出来后"啪啪啪"剁碎了放进碗里。当然，也可以不配火烧就那么直接吃。

地道的吃法不放香菜，因为香菜会搅扰了卤汤的滋味，况且一大把凉香菜往上一压，热汤立刻变温吞了，即使加了醋，吃起来也觉得腻歪。

很多外地甚至外国朋友来北京也想尝尝这种地方风味。我给您提个醒：别看卤煮便宜，但要做得是味儿并不容易。猪下水脏气大，要想彻底除去腥臊，必须翻过来把肠油摘干净，再用盐、碱反反复复揉搓。稍微偷点懒儿，煮出来的异味儿即便加再多的蒜、辣椒也压不住。可现在这讲求效率的时代谁给您精益求精地做一碗卤煮呢？所以实话实说，那些美食街大排档上卖的卤煮一律甭吃。不是味儿不说，还不一定干净。

还有个很重要的注意事项：尽管"卤煮"是北京特色小吃，但大多数北京小吃店里买不到。北京的小吃店大部分是清真的，人家不卖这个。清真馆子里卖的是羊杂碎汤，而绝没有"卤煮"，当然也没有炒肝儿。别看只是"小吃"，里面的规矩却大着呢！

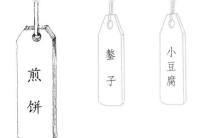

　　老话说"民以食为天"，讲的是吃食对于百姓无比重要。有意思的是，还真就有这么一种吃食跟"天"有关。明朝杨慎在他的《词品》里写道："宋以正月二十三日天穿日，言女娲氏以是日补天。俗以煎饼置屋上，名曰补天。"多有意思！原来在宋朝，煎饼是放在房顶上纪念女娲补天用的。

　　正规摊煎饼用的不是饼铛，而是一种叫"鏊子"的专用铁炊具。中间高，周围低，像个圆圆的大龟背。据说这是古人按照"天圆地方"的理念设计的，不过通常不是四条腿，而是三条，象征三足鼎立。鏊子底下点上柴草或煤炭，烧得滚烫之时，就可以摊煎饼了。当然，煎饼也是圆的，和天一样。

　　无论是鏊子还是煎饼，在古人眼中都是重要的财产，以至于值得写进《分家契约》里。山东泰安就发现过这么一份契约，是明朝万历年的，上面写着："鏊子一盘，煎饼二十三斤。"看来那时候泰山周围的百姓就已经有了吃煎饼的口福。

　　现如今，您若来到泰山脚下，举目远眺高悬在云端的南天门、天梯一样的十八盘时，心生憧憬的同时或许也多少有些畏惧吧？"我能有力气爬上去吗？"别担心，从红门宫到南天门，一路上到处都是架起鏊子的煎饼摊子。您爬累了可以随时歇歇脚，吃上个现摊的大煎饼，抹上大酱，卷上大葱，体验一下山东人朴实的生活，顿时精神抖擞，步履轻盈。

泰山上的煎饼摊可谓多矣，而且各家有各家的摊法，各家用各家的原料。有的调糊用小米面或棒子面，有的加上黄豆粉，还有的用地瓜干……煎饼的口味也是五花八门，或甜酥，或香脆。有一种煎饼微微发酸，据说这才是当地人的看家粮。观赏各家摊煎饼的表演，品尝着不重样的口味，保管您一路上津润齿喉，口留余香，怎么吃都不觉得腻，不知不觉就在南天门"九霄仰步"了。

一路攀援一路看风景。但见这位大姐一手用木糊板从盆里舀起湿漉漉的面糊甩在刷过油的鏊子上，另一只手迅速用剑形的长竹片把面糊摊开刮匀。面糊瞬间由白变黄，揭下来就是一张薄如蝉翼、大若茶盘、柔嫩绝伦的大煎饼。刮下来的面糊也不糟蹋，盛在木糊板上放回桶里接着用。另一个摊子的主厨是个小妹妹，她用刮板代替竹片，用刀刃似的一边来刮面糊。摊出的煎饼同样均匀平整，"薄似剡溪之纸，色如黄鹤之翎"。

　　我曾在天街上见过一位摊煎饼的大妈。她先用油擦子在鏊子上唰唰一擦，然后什么家伙都不拿，直接双手攥着一团面糊球在鏊子上纵横捭阖、滚来滚去，像是在尽情创作一幅山水画，翻手覆手间竟变魔术般地推出一张黄灿灿、香喷喷的大煎饼。

　　现在卷在煎饼里的，除了大葱抹酱之外，通常会有一个鸡蛋或些生菜。不过地道的吃法不用鸡蛋更不夹生菜，而是卷上当地特产的小豆腐。

　　小豆腐并不是通常说的豆腐，而是用磨得不太细的碎黄豆掺加上盐，拌上切碎的小白菜、萝卜缨、茼蒿等等菜蔬，或是荠菜、苜蓿芽、马齿苋、灰灰菜这些山野菜，甚至干脆用应季的槐花、榆钱、柳芽儿蒸煮而成的。卷在冒着热气的煎饼里咬上一口，"味松酥而爽口，香四散而远飘"。

　　吃着煎饼，涔涔欲汗地走过天街，遥望大地上金线般缥缈的黄河，天地一览无余。

　　自古秦人善治羊。若是进了八百里秦川，吃上一碗地道的羊肉泡馍是必不可少的功课。

　　有说羊肉泡馍起源于西周的"礼馔"羊羹，也有讲这种吃法和赵匡胤有关，不过这些都仅仅是传说，真正意义上的羊肉泡馍兴起于明代中后期。崇祯十七年，第一家羊肉泡馍馆子天锡楼在西安城里桥梓口开业，后来逐渐传遍陕西，进而成为整个西北地区的经典吃食。现在西安的老孙家和同盛祥都是数得着的老字号。

　　提起羊肉泡馍，您可千万别以为是粗犷的狼吞虎咽。地道的泡馍做起来非常精细，吃起来相当讲究。

　　泡馍的灵魂是那碗汤。那并不是什么传了几十年的老汤，而是用现宰的羊炖出的鲜汤。羊讲究用蒲城、白水、韩城一带的羊，肉质鲜嫩丰腴，味道不膻不腻。头天下午把骨头下进锅里加上二十多种调料熬上，傍晚时分投进肉去，直煮到次日黎明，肉烂且香、汁浓汤釅之时才算熬成。五百斤肉也就出三四百斤汤，能不香吗？

　　秦川盛产小麦，做出的馍也甘香异常。泡馍用的并不是直径一两尺长的大锅盔,而是掌心大小的小圆饼,叫"饦饦馍"。这种馍的制作工艺融中式烧饼和阿拉伯烤饼于一身,面微微有些发,烤出来中央白而不生,两背烤出来的金黄色花纹如菊花绽开,边沿微鼓,像有个棕色的铁圈套在上面。这样的馍,柔韧筋道,即使掰成再小的颗粒入汤也不散不化,粒粒香浓。

同是这碗汤,您可以选择泡一个馍,或者两三个馍。馍常被放在大清碗里端上来。别小看了这黑不溜秋的大碗,那叫"耀州青瓷",是吃泡馍最地道的家伙事。

吃泡馍是真正的自食其力,不管多有身份的食客都得亲自动手掰。如果让店家用刀切好,实在是糟蹋东西。把手洗得干干净净,拿起个馍一掰两半,取其中一半顺着边沿慢慢掰碎,用指尖掐成小粒,再把那金黄的皮撕成薄片撒在碗里抖落均匀。掰馍必须耐住性子精雕细刻,丝毫急躁不得。掰得越精细,泡起来才越润味儿。直掰得指尖发酸,一个不大的圆饼变成了一大碗细碎的"黄豆",才算掰好。掰馍的过程很像喝茶,若是几人同席,正好聊天解闷;若是一人独坐,则可以静静地参悟点什么了。吃泡馍的过程本身就是一种修行。

馍掰好了,把碗放在托盘里喊服务员端到后厨去泡。放心，人家不会弄错的，每个托盘上会挂上一块小牌，上面的编号和您手里的一样。你若是不说什么，服务员通常会泡成宽汤大煮的"水围城"——碗中央馍、肉相间，点缀着翠绿的蒜苗；周围鲜汤环绕，浸润着晶莹的粉丝，这是现在最流行的吃法。您也可以选择其他吃法，比如口感更浓醇的"口汤"——吃完碗里只剩一口汤；若还不过瘾，索性"干泡"——汤完全吸进馍里，瓷瓷实实端上来，筷子插在碗里能立起来。有一种古老的吃法叫做"单走"，馍和汤分两碗端来。很多人以为是一边啃馍一边喝汤，其实不然，应该是把馍一点一点掰在汤里吃，吃完了再单喝上一碗鲜汤。不管怎么吃，您都可以按照自己的口味或撒香菜，或加辣酱，再就上几瓣爽脆的糖蒜杀腥去腻。泡馍就是这样，充满个性。

一碗泡馍，麻、咸、辣、香，况味无穷。不过吃的时候不能狼吞虎咽，甚至不能用筷子搅拌，倘若一搅和，味儿就散了，吃起来没有层次，大煞风景。真正的吃主儿必是沿着碗边一点一点"蚕食"，于水雾缭绕中细嚼慢咽，这样才能对得起这大半天的功夫。

　　人的肠胃是有地域性的。同一种吃食，本地人视若至宝，而外地人却很难买账的例子比比皆是，就比如绍兴的臭苋菜秆。在绍兴，很多人家都会把长老了的苋菜择去叶子切成两寸来长，放进用腌荠菜汁沤成的臭卤里沤熟，所以也叫霉菜梗。霉菜梗腌好后外壳是硬的，芯里霉变成一管臭烘烘的胶质，跟果冻似的，通常拿来清蒸豆腐，也有人就那么直接当做佐粥的小菜吸着吃。当地人噙住手指粗的菜秆吸啜着，感觉是那么过瘾，那么享受，可初次尝试的外地人没几个能受用得起那股难以言表的鲜臭，试过之后恨不能马上用清水漱口。

　　老北京的豆汁儿也是这么一路并非所有人都能接受的地方风味，以至于能不能喝下这碗灰绿酸馊的浓汤，可以作为判断一个人是不是老北京的标志。

　　豆汁儿是用做绿豆粉丝的下脚料发酵而成的，味道怪，外地人抿上一小口忍不住能喷出去。可老北京好这口儿，而且不分汉、满、回，也不分贫贱富贵，全都趋之若鹜。豆汁儿在京剧大师里更是"粉丝"众多，无论是祖籍江苏的梅兰芳还是身为穆斯林的马连良，全是不折不扣的豆汁儿迷。

　　要说京剧和豆汁儿还真是有缘。有出荀派代表作叫《豆汁记》，取材于冯梦龙《喻世明言》中的"金玉奴棒打薄情郎"，说的是一个落魄得连乞丐都不如的穷书生莫稽，饿倒在一个丐头门外，丐头的女儿金玉奴出于怜爱用豆汁儿救了他一命。为报救命之恩，莫稽"以身相许"，可他中了功名之后却谋害糟糠之妻。剧情一波三折，堪称经典。

　　豆汁儿并不是早点。大清早喝一碗搜肠刮肚的酸汤，肠胃能舒服吗？早点喝的是黄豆做的豆浆，而绿豆做的豆汁儿一般都是在下午喝。因为这东西刮油解腻，清理脾胃，既可以解渴充饥，又能够提神醒脑，最适合在夏天当下午茶了。

　　豆汁儿喝的是个"酸、辣、烫"，讲究要用锯末生火慢慢煮，等到汤水与豆渣完全交融，酸中透出微甜，馊中醇味十足才算熬透。喝的时候必须从沸腾的锅里现盛滚烫的汤汁，"吸溜吸溜"地下肚。一碗豆汁儿下去，从五脏六腑直到丹田都觉得顺畅舒坦。若是讲究，还可以就着个两层皮的马蹄烧饼，夹上个炸得酥脆的焦圈儿，再配上一小碟拌上辣椒油的细水疙瘩丝，边吃边喝，又爽又润。

　　许多外地朋友来北京出于好奇也想尝尝豆汁儿，可往往受用不了那独特的酸味儿。记得护国寺小吃店的李经理跟我讲:二〇〇一年香港著名艺人张国荣慕名来到这里,就想尝尝"北京人的可乐"——豆汁儿。一大碗热腾腾的豆汁儿端上来后,张国荣好奇地啜饮了一口,抿着嘴说:"味道太怪异了!实在有些喝不下去。"李经理介绍说这可是北京的好东西,建议他多喝一些。张国荣请求:"那,你们给我搁点白糖吧!"白糖加了进去,张国荣又喝了一口,抬起头来甜甜地笑着说:"哦!酸奶的感觉!"大家都笑了起来。于是问他:"您以后还会不会再来喝?"他说:"肯定会。"果不其然,第二年,张国荣真的再来了。

兴许品尝一些特色小吃也需要培养和训练,就像欣赏京剧或者昆曲一样。乍一听,感觉"咿咿呀呀"的,听不出什么好来,可听久了,真的听进去了,才能领略到其中的气韵。

面茶　糜子

"熬粗茶叶汁，炒面兑之，加芝麻酱亦可，加牛乳亦可，微加一撮盐。无乳则加奶酥、奶皮亦可。"这是堪称中国饮食圣经的《随园食单》里对面茶的记载。遗憾的是，这种吃法早已经失传了。

如果说《随园食单》里的面茶和"七碗生风，一杯忘世"的茶叶还确实有些瓜葛，那么北京的面茶和茶叶就八竿子打不着了。那是一种用糜子面熬成的小吃，类似于浓稠的小米面粥。至于为什么叫茶，恐怕谁也说不清。

糜子也叫"黍"或"稷"，江山社稷的"稷"指的就是糜子。古人把它当做谷之精华奉献给上天，称做"祭社稷"，进而社稷也用来指代国家，而糜子又称做"禾祭"。

糜子看着和小米类似，但颗粒略小，产量也低。就是这些小渣渣似的种子最能滋养人，每颗小粒都蕴含着丰富的营养，凝聚着旺盛的活力。虽说加工起来非常麻烦，但磨成了面，味道要比小米更醇香，口感更细腻，颜色也更鲜艳。把极细的糜子面徐徐下进烧到八成开的热水里，加上少许碱和盐，一边慢慢搅拌一边熬呀熬，直到熬透了，就可以做面茶了。

可惜现在糜子面非常少见，就连一些知名小吃店里的面茶也用小米面代替。

　　熬好的糜子糊看上去黄灿灿的，稍微稠些也无所谓，喝起来并不觉得粘嘴，但这样的面糊还不能被称做"面茶"。面糊盛在碗里，在上面转着圈淋上薄薄一层加了香油的巧克力色芝麻酱，再撒上少量芝麻盐，才称得上是面茶。芝麻盐不能多，多了喝起来齁嗓子，那可就不是味儿了。

　　老北京喝面茶讲究在冬天，而且最好是刚睡好午觉。伸伸懒腰，端过一碗滚烫的面茶，闻起来浓香扑鼻，品一品口感醇厚，热热地喝着，一股暖流穿过肺腑直落丹田，自是肚饱心暖，胳膊腿立刻有了活泛气儿，人也精神了。简单的享受给寒冬增添了无尽的温暖。有两句诗专门说面茶："午梦初醒热面茶，干姜麻酱总须加。"也许是为了御寒，早年间面茶上还有撒上干姜粉的，不过现在已经不见这么喝了。

　　面茶不同于粥，喝法有特别的说道。要先用筷子顺一个方向稍微搅和一下，然后端起碗来托在手里，直接把嘴凑在碗边上"吸溜吸溜"抿着喝，一边喝还要一边转悠着碗。这么个喝法的妙处在于，即便表面一层凉了，喝到最后碗里的面茶仍然是烫的，让人始终感受到全身经络无一处不暖；也唯有这么个喝法，舌头才能清晰地分辨出上面芝麻酱的浓香和底下糜子的醇香，充分领略面茶的层次感。而且这么喝完了，碗里是干干净净的，透着利落。如果用勺一搅和，就变成糊里糊涂的一大碗温吞糯糊。温吞和糊涂的吃食在北京人看来是不地道的口味，还不如不喝。

面茶是很普通的北京小吃，原本是走街串巷推车卖的，现在要想喝到地道的面茶，只能去那几家著名的小吃老字号，比如护国寺、白魁、南来顺等等。

冰天雪地的时节，热热地喝下碗面茶，浑身上下每个毛孔都暖和透了。尽管未必想得起江山社稷，但却能感受到老北京的味儿。

　　和蛤蟆相关的词多半含有贬义，比如"蛤蟆夜哭"、"井底蛤蟆"，再比如充满讽刺意味的"癞蛤蟆想吃天鹅肉"……本来嘛，蛤蟆这玩意儿相貌丑陋、暴眼大嘴，粗糙的皮肤长满了癞包，确实不招人待见。不过事有例外，京津一带有一种以蛤蟆命名的小吃却是相当受欢迎，尤其讨小朋友喜欢，这就是"蛤蟆吐蜜"。

　　蛤蟆吐蜜又叫"豆馅儿烧饼"。和普通烧饼不同的是，这种包裹着红豆沙的烧饼在烤的时候边上自然裂开一个大口子，活脱一张笑哈哈的蛤蟆嘴；烧饼里棕黑甜腻的豆沙翻吐出来，像是耷拉在嘴边的大舌头，看着喜气洋洋的。圆头圆脑的面皮雪白洁净，周围套着的那圈密密麻麻的白芝麻活脱就是蛤蟆身上密实的疙瘩。看来，它被称做蛤蟆吐蜜是再生动不过了。

　　不是所有的烧饼都能烤成这样，要想让它自然崩裂，得有特殊的工艺。据说这么一只吐蜜的蛤蟆是经过了揉、盘、刷酥、沏等二十多道工序才做出来的。精选红豆自不必说，焖好的豆子还要和上桂花酱和香油，这样吃起来才香腴甜蜜。

做蛤蟆吐蜜的面更是特别，讲究是"三面合一"——要把和好的脑肥加进嫩肥和苏打面，按一定的配比揉成滋润的面团，这样才能烤出那股浓郁的酵香。之后，再包入比面团还重的豆沙，做成烧饼坯子。蛤蟆吐蜜上的芝麻也有特别之处，通常不在烧饼盖上，而是在烧饼周围浓密均匀地粘上一圈，像是给烧饼戴了一个麻扎扎的碎玉镯子。坯子上炉只烤几分钟，烧饼里滚烫的馅儿就被热力催动着膨胀起来，把边上收口的地方自然撑裂，翻吐出棕黑色的豆沙。而刚刚烤熟的烧饼却依然雪白，不煳不焦。这种类似西点里的爆浆工艺，几百年前的小贩就掌握了。

吃蛤蟆吐蜜要趁热，皮酥香，馅甜糯，挂在边上的豆沙有一些被烤得焦煳，香味格外浓郁。小朋友就爱吃这吐出来的豆沙，常常努力把嘴张得比它还大，一下一大口，看着就让大人高兴。而大人则更喜欢面皮的老肥味儿，那别致的酵香是其他烧饼品种所没有的。

早先，烧饼的品种繁多，比如用来夹酱肉吃的吊炉烧饼，可以包上甜、咸、荤、素各种馅儿的焖炉烧饼，还有白马蹄烧饼、红驴蹄烧饼等等。现如今剩下的品种已经很少，常见的只有芝麻烧饼、油酥烧饼，高档的就数仿膳的肉末烧饼了。像蛤蟆吐蜜这个品种，只有为数不多的传统小吃店里还能见到。

按讲究说，不论芝麻烧饼还是油酥烧饼都是直接吃的，并不往里夹什么东西。因为这两种烧饼或是用芝麻酱和面，或是加了椒盐，本来口味就重，而且里面层次丰富，也夹不进什么去。专门夹东西的马蹄烧饼本身不咸，而且只有两层皮，顶多有层薄薄的瓤子，刚烤得时撕开一股热气，正好把夹进去的酱肉熏透。不过既然现在没有，也就只能将就着用芝麻烧饼夹酱肉了。

至于肉末烧饼，那肉末并不在烧饼里，而是单独炒透了盛放在盘子中和烧饼一起上桌。烤烧饼时中间特意夹了个面球，吃的时候用刀子剔出去，自己动手夹进去咸甜鲜美的肉末。

火烧和烧饼不是一回事。火烧是用铛烙的，可以翻身，可以在铛上刷油。而烧饼是用烤炉烤的，烤的时候不能翻身，通常沾上或多或少的芝麻。不过芝麻并不是烧饼的身份证，有些烧饼是没有芝麻的，就比如用来夹焦圈儿吃的马蹄烧饼。

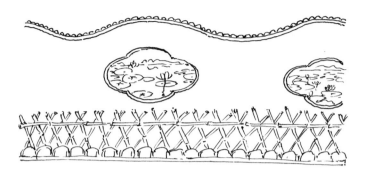

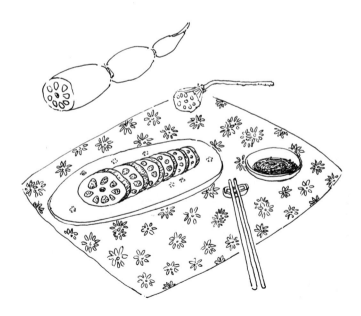

桂花莲藕

花香藕

八月桂花香，八月藕宜人。甜香的桂花和清鲜的莲藕天生同气相求，又几乎同时光临世上。若在金陵，把桂花的树之香和莲藕的水之鲜熬煮于一处，便得到天作之合的美味。

有年秋天去南京大学，走在路上忽然闻到一阵不知道来自何方的桂花香。循香而去，沿着摇曳的梧桐树光影找到校园外一处专卖桂花蜜汁藕的小摊子。据说，这里有南京最好吃的藕。

摊子太小，小到仅有一个窗口，也没个座位。而藕，就整根整条地浸在一口巨大的电饭煲里煮着。煮藕的汤汁浓黑红亮，泛着细腻的泡沫。绛红油润的大藕横七竖八浮在汤上，胖乎乎的。顶端的鹦哥头处切过一刀，周围叉着几根牙签，是为了防止里面的糯米溢出来。

一问才知，这藕是论斤卖的，一卖就得是一整根。我印象里的桂花藕都是餐馆里的盘中菜，像这样朴实的卖法还是头一次见到，于是新奇地称了两根。老板夹出粗壮的莲藕，麻利地切成手指粗的切片。刀起刀落，但见藕断丝连，拉出晶莹的细丝。

　　切好的藕浇上浓稠的蜜浆，盛在快餐盒里递了出来。我托着烫手的餐盒，站在街边的梧桐树下，就着缥缈的桂香，用牙签挑起一大块，迫不及待一口下去——温热、酥糯、黏而不烂、嚼劲十足，那层层递进的口感让人着迷。桂花树积聚了一年的甜香已然完全凝聚在藕的纤维中，也融化在密密实实塞满藕孔的糯米里。珠圆玉润的米粒饱吮了藕的清鲜、蜜的甜润，咬起来"咯吱咯吱"的。蘸上蜜浆抿一抿，无与伦比的美妙。那一缕缕扯不断的藕丝缠绕在唇齿间，又给那甜浓平添了几许缠绵。小吃也有大味道，香糯的蜜汁藕恰如一阕千回百转的《桂枝香》，饱浸着金陵的古早味。

　　一般说南方的藕通常是中虚七窍，肥硕粗壮，吃起来口感糯而不脆，可煮可炖，还可以煲汤。但南京的藕却是九孔，吃起来糯而有咬劲。北方的藕也是九孔，却是纤细秀气，外皮银白光亮，品相风雅，很容易让人联想起古书上所形容的美女的胳膊——"藕臂"。这种藕质密脆嫩，不适合长时间煮炖，只适合炝炒或凉拌，不过却也能做出北派的桂花藕。

　　古人说:鲜嫩莫过花下藕。荷花盛开之时，顺着荷梗潜到湖底捞出嫩藕，藕节处还带着淡淡的荷香。这样的藕极嫩、极脆，而且有个极美的名字——花香藕。若是掰成两截，雪白的断面处齐刷刷地露出一圈九个晶莹剔透的孔洞，好一个"外面看来如璞玉，胸中雕出许玲珑"，只是不见"藕断丝连"。这样的藕，即使生着咀嚼，也会脆嫩鲜甜，满口清浆，吃不出一丁点儿渣滓。

将鲜脆的藕刮去嫩皮，细细切成薄片，用滴了白醋的清水泡上一阵子，下到滚开的沸水里略微焯焯。焯的时候可以用铝锅、砂锅、搪瓷锅，但就是不能用铁锅。若是用了，藕色泛红，就不漂亮了。

焯好的藕片放进冰凉的清水过一过，拌上泡好的桂花水，整整齐齐码放在盘子里，撒上晶莹的白砂糖，点缀上绛红的金糕丝，一盘水嫩的桂花莲藕做好了，看着就凉快。嚼上一片，唇齿生津，让人不由想起月色下的荷塘。深深嗅一嗅那淡雅的幽香，顿觉心神荡漾在云天之外，融化进初秋的第一缕凉风里。

土笋冻

如若一种吃食可以被编进童谣里，那才真是令人魂牵梦绕，回味无尽，就比如一颗晶莹剔透的土笋冻。

记得第一次吃土笋冻是在厦门。开席前桌上已经摆了几样凉菜，其中一盘摆着十几个鸡蛋大小的半圆球，淡淡如琥珀，中间镶嵌着几根灰白相间、两寸来长、黄花似的东西，晶莹剔透，与其说是吃食，不如说是件工艺品。主人热情推荐道："快尝尝，这土笋冻可是我们这儿的特色！蘸上点芥末醋吃。"于是用筷子哆哆嗦嗦夹上一颗，放进嘴里轻轻咀嚼，嗯！爽辣刺激的芥末醋里裹着的那颗胶冻弹性十足，甘洌鲜美，中间的根根土笋幼滑爽嫩，咬起来很有嚼头儿。一种无以言表的畅快从舌尖一直顺进心田，真舒坦！请教主人这般美味是用什么做的，答案让我吃惊：这柔韧鲜异的吃食竟然是一种海滩上挖出来的肉虫子，因为长得一环一节的像春笋的幼芽，所以叫土笋。

有人以为土笋就是沙虫，其实不然。通常说的沙虫是方格星虫，个头儿比土笋长，颜色发红，生长在多沙的环境里。沙虫可以爆炒，也能煮汤，晾干以后可炸可炖，但唯独不能做成胶冻。土笋的学名叫"可口革囊星虫",这种黑灰色的虫子只生长于淡水与咸水交界处的滩涂,所以又叫"涂笋"。土笋产量不大,熬汤、炒菜并不好吃,可它胶质多,做成冻吃却是妙品。原来,那一颗颗晶莹剔透的水晶球,是用了南海滩涂中吸取了淡水和咸水的精灵熬煮提炼而成的。

活土笋要在水里养上一天,吐净泥沙后用石槌碾磨出腔肠,放进清水揉搓洗净,再加上调料,熬成稠汁,装进小碗,冷却成冰晶似的胶冻。熬土笋不仅料要足,而且很讲分寸,既要熬到土笋里的胶质尽数析出,可又不能熬得太烂,破坏了那丰美润滑的口感。想来第一个吃土笋的人必是智勇双全——不仅有吃这虫子的勇气,还有能琢磨出这套做法的心思。据说这个人就是曾居住在福建安海的郑成功。

滨海小城安海与金门岛隔海相望,郑成功八岁时从日本回国,定居在安海安平桥西畔长达二十年之久。后来他屯兵收复台湾,为解决驻军粮食不足的问题,他让人挖海滩上的土笋熬汤充饥。不想寒夜一过,热汤凝结成冻,大家一尝,味道甘洌鲜美。

在闽南,吃土笋冻的地方很多,厦门、海沧、泉州等地都有，可最地道的土笋冻仍在安海。正宗的安海土笋冻并不在酒店的宴席上，甚至不在街巷两旁那些挂着招牌的店铺中，而是隐匿于旧街的菜市场里。

菜市场的一隅总有那么几位头戴斗笠的老阿伯，他们或站或蹲，热情地招呼着往来行人，身边摆放着两只大白铁皮箱，箱子里正是古老的土笋冻。那土笋用的是五里桥中亭港肥硕的土笋王，水是镇西按村甘洌的古井水，再加上祖上传下的老手艺。若有食客想吃，就盛上两个晶亮柔韧的水晶放在碗里，其中凝结着几条清晰可辨的大土笋，蘸上蒜蓉香醋，任凭丝丝缕缕鲜脆的土笋滑进喉咙，满嘴甘爽清凉中回荡着淡淡的鲜。

尝着古老的滋味，闻着菜场里的蔬果香和鱼腥气，听着熙熙攘攘的闽南土话和远处小孩子正在唱的童谣："土笋冻呀土笋冻，最最好吃真正港，天脚下，笼都真稀罕，独独咱家乡出这项……"恍惚穿越到很久很久以前的某个时空里。

凉茶

廿四味

茅根竹蔗水

龟苓膏

　　记得小时候看过一部反特黑白电影，背景好像是深圳，其中有场戏发生在一个凉茶铺。当时就纳闷儿：茶都是热着喝，怎么能凉了卖呢？后来到了粤港澳一带，才明白所谓的凉茶并不是茶，而且也不怎么凉。

　　漫步于香港和澳门的闹市街头，抬眼就可以见到凉茶铺的身影——醒目的招牌上用斗大的楷书写着某某凉茶，或是某某堂。凉茶铺都不太大，通常只是街角的单边门面，但店堂里整洁雅静，装饰得很用心思。墙壁上悬挂着条幅牌匾，有的标明了各种凉茶的功效，有的写着诸如"苦味能除苦，价低功不低"等字句，透着浓厚的古意。大理石柜台擦得光滑洁净，台面上镶嵌着三个直径两尺多的圆锅盖，黄铜做成，锃光瓦亮的。那盖上的把手是一个溜圆的铜球，想必下面就是一大锅正熬煮着的凉茶了。锅盖旁边摆放着十几只瓶子，装着深深浅浅的饮料，上面花花绿绿的标签写着：金菊露、鸡骨草、茅根竹蔗水……

　　岭南的凉茶不是茶，而是用中药材煎煮出的汤汁。真正的凉茶要喝烫的，起码也是温的，而不能喝凉的。如果看你是陌生人，卖凉茶的阿姨会先问问你的症状：有没有感冒？嗓子痛不痛？然后攥着铜球掀大锅盖，舀一勺棕黑色的汤汁到彩花的瓷碗里端给你，这叫廿四味，不过喝到嘴里却只一个味——苦！

凉茶非常之苦，和装在易拉罐里叫凉茶的饮料截然不同。喝凉茶不能慢慢品饮，只能一仰脖大口灌下去，第一次喝的人难免有些受用不起。好在喝过凉茶后，那卖茶的阿姨会从一个小盒子里取出几片"送口凉果"让你清清嗓子，吃起来酸酸甜甜，顷刻间满口生津。

凉茶足有几十种，什么苦寒去火除湿的、甘凉清热除郁的、甘凉清热润燥的等等，或用十几种中草药配伍，或是单一味药材熬煮。功效各异的凉茶可以应对岭南地区常见的各种身体不适。"饮一杯凉茶，不用找医家。"当地人有个风火牙疼或头昏脑涨，上班途中路过凉茶铺买上杯新鲜的凉茶一饮而尽，然后匆匆赶路，下班时病已除去大半。晚上再到凉茶铺里坐下小憩一番，一边喝喝凉茶一边翻翻报纸、听听音乐，第二天就痊愈了。在上世纪六七十年代，凉茶铺的时光简直就是港澳的生活方式。在这里，大家可以聊大天、看电视，可以点上一曲猫王或是邓丽君的歌，直到深夜电视停播，方才曲终人散去，那份悠然或许还回味在不少当地人的记忆里吧！一杯苦涩的凉茶，熬制着港澳的岁月。"长大了，可以喝喝凉茶了！"凉茶也成了当地的一种成人礼。

现在凉茶铺里常常坐着些体验凉茶文化的外乡人。很多"自讨苦吃"的观光客咽不下传统工艺熬制的廿四味那深邃的苦。好在可以喝杯味道清凉微甘的鸡骨草，或者索性来瓶甜蜜爽洌的茅根竹蔗水，享受那马蹄和竹蔗天然的清香。

喝过凉茶，不妨再吃一碗清热开胃的龟苓膏，这可是凉茶的最佳拍档。油黑滑润的龟苓膏，用鹰嘴龟的龟板和土茯苓、蒲公英等中药熬成，如冻似羹。一碗下肚，憋闷着炎热暑湿的肠胃顿时感到清凉愉悦。老食客就那么直接吃，享受着独特的甘苦凉醇。外乡人可以加上一勺蜂蜜或炼乳，小小一碗龟苓膏立刻变得甘苦交融，充满了粤港式的古早味。

清真

德禄酸奶

酸奶

德禄酸奶

一直以为酸奶是舶来品。不是吗？这种酸稠的甜品总是和面包、西点联系在一起，就连它的灵魂——保加利亚乳酸菌，都是微生物学家赛德蒙·格里戈罗夫在一九〇五年以他的祖国、酸奶的故乡命名的。可当我到了青海西宁，才发觉未必是这么回事。

在西宁，酸奶并不是甜品店里用吸管喝的时尚饮品，而是大街上和市场里小摊上卖的小吃。走在街头，不管老幼尊卑，谁走累了都可以坐在酸奶摊子前的小矮凳上，等待老奶奶掀起盖在篮子上的白布，端出一小碗浓稠的酸奶来吃。这酸奶很稠很稠，稠到接近固态，不能喝，只能用勺子切着吃。若是把碗倒过来举着，那酸奶根本不往下掉。西宁人祖祖辈辈吃着这样的酸奶，谁也说不清它是来自遥远的波斯帝国，还是来自格萨尔王时代的雪域高原。只觉得吃上一碗就顿感千回百转、荡气回肠，真是解乏呀！

在外地人看来，这充满山野气息的酸奶更像是鸡蛋羹——稠若凝脂，上面罩着一层乳黄的油脂。这么浓稠的酸奶闻起来自然是奶香扑鼻，不过若是拿起勺子切下一块直接放在嘴里，怕是眼睛鼻子立刻会皱成一团，紧接着从牙根挤出一句："呀！怎么这么酸！"如果真是这样，那么恭贺您，您吃到了地道的西宁酸奶。当地人做酸奶时不加任何添加剂，甚至连糖也不加。只是把自家养的奶牛挤出的鲜奶加上几滴清油熬熟晾凉，对上些头天剩下的酸奶做酵头，倒进一个个小白瓷碗，捂在保温箱里发酵。等上四五个小时酸奶就做好了，然后一碗碗整齐地码放在篮子里上街卖。

当地成年人吃酸奶不怎么加糖，而且挑油大的，香！若是孩子或外地游客，可以在那层乳黄的奶皮上撒两大勺砂糖，然后用勺子轻轻一划，奶皮利索地裂开，露出了下面凝脂样的酸奶。不要搅拌，就那么带着砂糖切成一片片地送进嘴里慢慢嚼，感受那一层砂甜、一层丰腴、一层清酸细腻的丰富，感受砂糖融化在包裹着温滑酸奶的舌头上的快感，那份独特的享受是用吸管喝酸奶所望尘莫及的。

西宁也有专门的酸奶店，比如"德禄酸奶"，这是一对老夫妇开在一家商场高台阶上的一个不起眼小店。店里两三张矮桌、十来把小凳，倒也干净利索。所售的酸奶限量供应，售完即止。那里的优质酸奶据说是用牦牛奶做的。奶皮上面闪烁着点点金黄的油花，碗沿有一圈乳黄色奶迹，晃都晃不动。

牦牛和奶牛不同，它生活在高原雪线附近，吃的是天然牧草，喝的是冰川雪水，呼吸的是雪山吹来的纯净空气。为了适应高海拔环境，它比一般的牛更有顽强的生命力，奶水里自然也就蕴藏了更丰沛的养分。牦牛奶酿出的酸奶比普通的酸奶更稠，简直稠得化不开，不过也比普通的酸奶更酸，能酸得让第一次品尝到它的外地人一蹦三尺高。也许正是那份甘香酸爽赋予了高原人在艰苦自然环境中生存所必需的旺盛生命力，更塑造了高原人特有的精气神——面颊红润，皓齿明眸。也许正是吃了这稠得化不开的酸奶，高原人才能唱出那穿云裂帛的花儿——

　　半个天晴来嘛半个天阴，
　　半个里烧红呀者哩；
　　两个的身子嘛一个就心，
　　尕心们连实呀者哩……

冰棍儿

　　像我这个年龄的人，对于童年的美好记忆并不是动漫，也不是电子游戏机，而是夏日的午后趴在课桌上凝望着教室窗外，聆听树丛中季鸟儿吟唱的时候，忽然从枝叶的缝隙里传来了缥缈的吆喝声："冰棍儿——三分、五分；冰棍儿——奶油的、小豆的……"那颤巍巍的声音飘过空荡荡的操场，带着晶莹的冰碴儿钻进同学们的耳朵里。眯缝着睡眼发呆的小胖子精神了，认真听讲的班长走神儿了，位子上偷偷玩着冰棍棍儿的手不动了……大伙儿分散的注意力一下子集中到了校门口的那条小街上。

　　一位头戴白帽子的老太太努力推着一辆漆成白色的木头车，沿着高墙缓缓走着。车子不大，也就一米来宽，一米半长。确切地说，是个大木头箱子，下面安了四个铸铁轱辘，一边走一边吱扭扭响个不停。小车上面盖着厚厚的白棉被，棉被下整齐堆放的马粪纸盒里装着的，就是对孩子们来说足以勾魂摄魄的冰棍儿。只要铃声一响，过不了多久，小推车就会被一大群举着钢镚儿的小脑袋包围起来。

　　"我要奶油的。""来两根红果的。"那吵吵嚷嚷的声音足以盖过季鸟儿的鸣声。"都有，别急，都有。"老奶奶乐呵呵接过钢镚儿放进衣兜，顺手翻开棉被掏出一根冰棍儿，一边麻利地撕去简易的包装纸，塞进车扶手前的大布袋子，一边手递手地把那根细细的竹棍儿塞在伸过来的小手上。孩子高举着冰棍儿起着哄跑开了……这一刻，是他们一天中最放松、最快乐的时光。

因为有了冰棍儿，清苦的童年变得甜美；因为有了冰棍儿，每一天都有着具体的目标。能天天吃上冰棍儿的日子曾经是多少孩子的梦呀！

五分的是雪白的奶油冰棍儿，现在回想起来未必有多少奶油，更多的是白糖。三分钱一根有小豆的，冰凉里带着甘醇的豆香。不过孩子们最爱吃的要数三分钱的红果儿，水红的颜色，甜酸的味道，大大地嘬上一口，唾液顺着嘴角奔涌而出，凉气顺着舌头直灌进心里。如果谁舍得破天荒花上一毛钱，老太太就会笑着从车后藏着的保温桶里掏出一根冒着凉气的北冰洋大雪糕——圆头圆脑的大扁片儿，乳黄，醇香。嘿！那才叫奢侈呢！至于现在还能见到的那种双棒儿，是后来的事。印象里出双棒儿的时候，卖冰棍儿的小推车已经悄然不见了。

冰棍儿吃后剩下的那根小竹棍儿没有谁舍得扔掉，那是孩子们最得意的玩具。可以攥一大把戳在地上让它自由散落，再各持一根挑着玩儿；也可以放在手背上高高地抛起然后依次接住欻着玩；还可以搭成各种各样的碉堡或房子……孩子们把它叫"冰棍棍儿"，谁的冰棍棍儿多，谁就在一帮孩子里最有面子。

现在的冰棍儿品种比小时候丰富得多，升级版的红果儿和各色雪糕都有，包装更是不能同日而语。不过，总觉得味道里缺了点什么。或许记忆里那淳美的滋味并不是来自冰棍儿，而是来自那吱吱作响的小推车，以及那穿过白杨树的吆喝声："冰棍儿，三分、五分……"

论世间，也唯有童年最令人魂牵梦萦吧？

米豆腐

芙蓉镇

　　一个地方因为一部电影而改了名，一种小吃因为一部电影而出了名，这两种事都不常见，却同时出现在了湘西永顺。

　　猛洞河边的王村，铺着古老的青石板路，路两旁是灰瓦吊脚楼，就这么无声无息地沉默了多少世代。却不想，因为一部电影《芙蓉镇》而热闹起来，真就把地名改成了俏式的"芙蓉镇"。电影里那位泼辣热忱的"芙蓉姐子"胡玉音卖的米豆腐，也成了每一位慕名而来的观光客必尝的地方风味。

　　芙蓉镇隐匿于壁立拔峰、竹木葱茏的大山里，沿着山脚下猛洞河的码头顺山而建。站在湿漉起伏的老街上，透过薄雾隐约可见猛洞河上摇曳的竹筏，甚至可以依稀听到远处的瀑布声。这里的一切都是古旧的——古旧的铺面，古旧的油榨房，古旧的石磨、石碓以及悬挂在店铺里那一人来高的大鱼干，无不满溢一股古老的意蕴。行走于幽暗路灯下略显颓圮的木屋前，你会忽然抛下现实，回到很久以前的某个场景，不知不觉坐在长长房檐下那简易长桌前的矮凳上，尝一尝破边瓷碗里盛着的晶莹嫩滑的米豆腐。

　　米豆腐和大豆没有任何关系。它的做法是把当地产的大米浸泡在缸里一天后，用石磨磨成细腻的米浆，加上些碱在锅里熬煮，同时用粗木棒不紧不慢地边熬边搅，直熬到汤开浆熟，幽幽米香扑鼻之时，舀进簸箕里慢慢冷却，凝固成粉嫩的坨后切成棋子大小的方块。若是煮的时候加些槐米进去，米豆腐就呈现出微微的嫩黄。吃的时候盛在碗里浇上调味的汤汁，撒上大头菜、炸花生、葱花等等作料，当然最好还要放上些湘西人家土陶坛子里腌出的酸辣椒，酸酸辣辣的一碗下肚，别有一番滑爽绵密。

号称是当初拍《芙蓉镇》的那家店铺确实与众不同。黝黑的门面保留着当年的景象，廊柱后窗棂上悬挂的剧照让人回到电影的氛围里。这家的米豆腐不是切成小方块，而是像一条条粗壮的小鱼，很像北京人夏天吃的一种叫蛤蟆骨朵的凉粉。米豆腐盛在放有酸萝卜丁和辣椒糊的碗里，客人吃时浇上一勺淡茶色的汤汁，撒上香菜，吃起来蛮筋道的，微微有些酸泡菜的滋味，恰似古镇的简单、融洽。这种风味不是所有的游客都吃得惯。不过，有时吃食的味道并不在碗里，而在吃食上所寄托的某种风情或对某段时光的记忆。

若是走遍湘西，你会发现米豆腐远不只这一种吃法：它可凉拌，可热炒，还可以加进牛骨头汤做出一碗鲜美香浓的牛肉汤米豆腐。

在沈从文的故乡凤凰古城，常常能邂逅挑着担子走街串巷卖米豆腐的小贩。那米豆腐盛在透明的小塑料碗里，像是一颗颗煮熟的小土豆，浇上红彤彤的辣椒卤汁，鲜艳得撩眼，让人不敢下嘴。用牙签颤巍巍挑上一颗，试探着舔一舔，狂野的热辣顿时让舌尖和齿缝燃烧起来。赶紧一口咬下去，感觉哧溜柔韧，更透出恣意的香辣痛快，吃者的心也顿时奔放起来，简单地快乐着。

　　当年淮南王刘安在八公山上修行的时候恐怕怎么也没想到，自己没炼成不老仙丹，却炼出了一锅豆腐。更令他想不到的是，不仅鲜豆腐好吃，干豆腐好吃，甚至长了毛的臭豆腐也一样好吃。两千多年后，这股食臭之风大有星火燎原之势，风靡各地夜市，甚至还传到港台。吃法上也更为讲究，要配上清脆酸甜的泡菜来削弱油腻。

　　吃臭豆腐源自何年何月无据可考。仔细想来，也许并不是某个人发明的，道理在于：吃臭豆腐的习俗只集中在长江中下游。这一区域物产丰饶，吃不了的东西当然要储藏起来；这一地区潮湿多雨，储存起来的吃食容易发酵发霉。于是储藏起来的豆腐变成霉豆腐、臭豆腐也就不足为奇了。各地发酵豆腐的手段不同，吃法也千差万别，也就使得从长沙到南京再到绍兴一路吃臭，各地的口味还不尽相同。

　　长沙人把臭豆腐叫"臭干子"，以火宫殿的最著名。豆腐坯浸在冬菇、冬笋、曲酒、浏阳豆豉制成的发酵水里泡透了，等到变灰长毛，下进温油里慢慢炸到外皮膨胀发黑，捞上来一块块钻上窟窿，灌上辣椒油等佐料，就成了外表焦黑酥脆，内里孔洞丰富的长沙臭豆腐，闻起来很臭，吃起来奇香辛辣。

走在南京的街头巷尾，会见到老婆婆用竹签子把灰白色的臭豆腐干串成串炸着卖，据说是用隔年的烂咸卤泡出来的。若有人买，就下在小油锅里慢慢煎透，等到那诱人的臭香弥散在巷子深处，豆腐干表面泛起一层细密的小泡时夹出来，刷上调味酱趁热吃，香酥可口，臭得自然。

在绍兴，吃臭不单是一种饮食爱好，更是一种生活方式。绍兴之臭源于家家户户臭坛子里那一坛子臭烘烘的臭卤。这种习俗起源于勾践时代。臭卤是绍兴人的传家宝，可以渍出霉苋菜、霉南瓜、霉冬瓜、霉千张等等臭菜。用臭卤腌臭豆腐更是一绝，把切成小方块的豆腐放进去浸泡透了，捞出来用清水洗净晾干，投入温油里炸到金黄灿烂、外脆里松，盛在盘里，吃时蘸上辣酱，那股臭中幽香难以名状。

我在江南吃过最香的臭豆腐并不是炸的，而是在新安江边上的一条船上，小老板用类似清蒸鱼的做法蒸出来的。淡鲜的汤里，几块青绿色的豆腐柔弱软嫩，奇美的鲜香不可言传，至今难忘。

历史上爱吃臭豆腐的还有一地，那就是北京。北京的臭豆腐倒是有明确的发明人。康熙八年，落魄举人王致和在京城开了豆腐坊，不想存放在缸子里做腐乳的小豆腐块日久天长变青变臭。王致和没舍得扔，夹起来尝了尝，那臭中之香香得滋润，香得绵长，于是配上盐、花椒等等作料琢磨出了北京臭豆腐，令各界人士趋之若鹜。穷人直接抹在窝头上吃，讲究人点上香油或辣椒油当小菜吃。后来臭豆腐还传进了清宫御膳房，被馋嘴的慈禧赐名为"青方"。状元孙家鼐觉得这事挺雅，于是特意写了幅藏头对："致君美味传千里，和我天机养寸心。"王致和没得到功名，却靠臭豆腐流芳千古，也算传奇吧！看来香与臭、俗与雅是可以相互转化的。

王致和本是安徽人，他的发明或许是受南方臭豆腐的启发，要不怎么除了北京，北方就再没有好这口儿的区域呢？不过北京臭豆腐在口味和吃法上都和南方的有很大差异，不能炸着吃，蒸着吃，而只涂抹着吃，也许叫臭腐乳更为贴切。

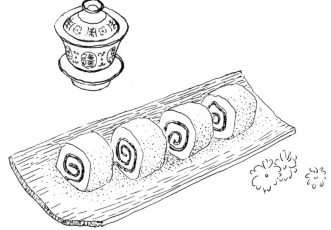

驴打滚儿　豆面糕　donkey rolls

　　一般来说，小吃的名称或得自于形状，或来源于食材，像豌豆黄、糖耳朵、豆腐脑等等。也有例外，就比如驴打滚儿，如果以为它是用驴肉做的，那可就闹笑话了。

　　驴打滚儿最初是关外满族人的干粮，大名称做"豆面糕"。仅仅由于这种小吃外面裹着一层豆面粉，让人联想起在地上撒欢打滚儿后沾了一身黄土的小毛驴，所以不知是谁送了个昵称叫"驴打滚儿"。这个诙谐幽默的"雅号"朗朗上口，日久天长竟然代替了它的大名。

　　驴打滚儿起源于热河一带，吃起来香、甜、黏、软，就连掉光了牙的老人也能照吃不误。做成一块一块的驴打滚儿方便携带，而且特别顶时候，非常适合狩猎和征战的路上吃，深受八旗兵丁的青睐。后来清兵进了关，也就把它带进了北京城，古老的干粮渐渐衍化成了特色小吃。小贩们支起木架子，摆上方木盘子，掀起盖布，给大人孩子们切驴打滚儿的身影，也成了旧日京城街头巷尾大槐树底下的风景。

　　原籍台湾省苗栗县的著名作家林海音女士从五岁跟随父母来到北京南城，在这里读书、生活、成家、工作，直到三十岁怀着对古都永久的眷恋返回台湾。她永远也忘不了古城里的冬阳、童年、骆驼队，更忘不了香喷喷的驴打滚儿，以至于把这朴素的小吃连同小英子的明眸、宋妈的顽强一起写成精致的短篇《驴打滚儿》，并且收入在《城南旧事》里。那清丽的文字、温婉的风韵深深影响了海峡两岸几代人。据《林海音传》记述，《驴打滚儿》也是身为辽宁人的著名学者齐邦媛教授最喜欢的一篇。齐教授把它翻译成英文"Donkey Rolls"，传遍了全世界。

与驴打滚儿有不解之缘的作家还有赵树理。他把自己的创作过程比做驴打滚儿，在他看来，干活累了以后像驴子那样在太阳地里转上几圈，懒洋洋地躺倒在干地上，美美地打个滚儿，好舒服！歇上一会儿，浑身上下一抖擞，鼓着肚皮"胡呵胡呵"一叫唤，又精神了，干起活来又是一身劲。或许这种享受也恰恰是饿了以后吃个驴打滚儿的体验吧，所以这个土得掉渣儿的名字才魅力独具。

驴打滚儿的做法有些类似于厦门的糍粑或成都的三大炮，不过多了些粗狂实诚，少了些精致细腻。按照《城南旧事》的记述，驴打滚儿的做法是"把黄米面蒸熟了，包上黑糖，再在绿豆粉里滚一滚"。也许是因为黄米面产量低，很少见，现在一般是用江米浸泡后蒸透放凉，捣烂了擀成薄片裹上红豆沙，然后在黄豆面里滚一滚，切成小块儿。看上去金黄的豆面里，一圈乳白，一圈棕红，咬上一口，绵软黏香里倒也洋溢着一股炒黄豆特有的香气。

现在很多小吃店里都卖驴打滚儿，只是个头儿太大，跟拳头似的。饭量小的人吃上这么个大黏米坨子，再想吃别的就吃不下了。其实人们喜欢吃的东西往往没吃够最好，让人一下吃撑了难免会腻。为何不做小一点呢？有一次我跟旅游卫视去护国寺小吃店拍节目，人家特意给端上来一盘子精致的驴打滚儿，大拇指粗细，小巧玲珑，层次分明。我才知道驴打滚儿也能做得这么秀气，这么可爱。据说，一九九九年新加坡总理吴作栋在这里预订了一百个"驴打滚儿"端上了新加坡的国宴。

爆肚儿　肚板儿　肚仁儿　散丹

在老北京眼里，爆肚儿的诱惑力往往胜过涮羊肉。理由很简单：涮羊肉主要吃的是肉，偏重于充饥和解馋；而吃爆肚儿的乐趣在于细细体验牙齿切割各种组织肌理的快意，吃的是乐儿。

严格意义上讲，爆肚儿特指水爆羊肚儿，是把鲜羊肚儿的不同部位洗净去筋后切成各种形状，用笊篱托着在滚开的水里迅速一焯，捞出来蘸上调料就吃。至于爆牛百叶是后来将就的吃法，远没有羊肚儿那么细润，味道也不及羊肚儿鲜。

涮羊肉最好在家吃，而爆肚儿不成。爆肚儿的手艺需要有比秒表还准的眼神儿和心劲儿，讲究的是不紧不慢、不温不火、不生不老。要恰好焯到份儿上着实不易，往往只能到爆肚儿店去过瘾。不过，可别以为到了爆肚儿店就会吃，吃爆肚儿的门道非常之多。

在正宗爆肚儿店的菜单上是找不到"爆肚儿"的，因为羊胃的结构相当复杂，一个羊肚儿可以被细分为食信、葫芦、肚板儿、肚儿领、肚仁儿、散丹、蘑菇头、肚儿库、大梁等等十几个品种。虽说都是一焯，但焯的火候和筋劲儿绝不相同，嚼起来也感觉迥异，有的筋道，有的脆嫩，有的柔软，有的艮韧……吃爆肚儿图的就是个齿感。不同的品种给牙齿带来的体验以及它们的色、香、味是不一样的。而所谓"爆肚儿"，是这十几个品种的总称。

尽管爆肚儿的花样很多，但并不是每次都要尝个遍，只要本着"先鲜，再脆，最后嫩"的顺序，丰俭由人，点上三四样就能玩味出其中的意趣。可以先上一碟麻将牌似的肚板儿。这东西筋道而不硌牙，越嚼越带劲，能让口腔肌肉充分活动开，以便享用一顿丰盛的美味，嚼到后来还隐约有种特有的鲜和淡淡的甜味。

腮帮子活动开了，可以尝尝号称"陆上鲜贝"的肚仁儿。肚仁儿色泽乳白，卷曲成一个个带纹路的小圆柱，酷似鲜贝。嚼起来它迎牙而裂，伴有清脆的响声，牙齿虽会感觉到一丝抗拒，但却轻松省力、乐趣无穷，比吃鲜贝有过之而无不及，实乃爆肚儿中的神品。

每次吃爆肚儿一定要尝的是散丹，这才是精髓。切好的散丹是青灰色韭菜叶宽的细条，爆好后端上来有一股淡淡的草香气，放进嘴里毛茸茸的，爽脆而耐嚼。嚼到最后入口化渣，

不留任何筋头巴脑。牙齿切割散丹的独特快感是咀嚼任何其
他食物所感受不到的。散丹如果爆得不到家，闻起来有股臭
气，嚼起来像咬草绳子，咽的时候一半在嗓子上边，另一半
在嗓子下边，吞不进吐不出的，那才难受呢。

爆肚儿必须趁热吃，放凉了就会回生，吃起来大煞风景。
传统上，一碟爆肚儿的量往往很小，也就二十来块，刚好盖上
碟底儿，没等放凉就能吃干净才好。过去正宗的爆肚儿店的伙
计是瞧见客人吃完一碟后再往上端第二碟。可惜现在懂这个的
伙计不多，您要是不放心，可以吃到差不多的时候再点下一碟。

吃爆肚儿不能狼吞虎咽，每次最好只夹一块，然后蘸上
调料细品慢嚼囫囵吞。就是这么个看似矛盾的吃法。

爆肚儿的调料相对于吃涮羊肉的要口轻。通常是澥开的
芝麻酱，再加上些酱油、醋、酱豆腐、蒜酱、辣椒油，撒上
香菜和葱花儿，甚至有的铺子里连芝麻酱和酱豆腐都没有。
一般说来，吃爆肚儿不能加韭菜花儿。韭菜花儿的味儿太冲，
如果加了，必然盖住了羊肚儿那带着青草气的鲜。

炸灌肠　　灌肠　　合义斋　　蒜汁儿

　　北京最早的灌肠，是用淀粉把十几味香料煮成的汤调成糊子，再灌进洗净的猪大肠里煮，边煮边用竹签子扎眼儿放气。煮好之后撕去肠衣，晾凉了切成薄片，在大铁铛上用猪大肠上的那层网子油炸得焦酥，蘸上加了盐的蒜汁儿吃。当时比较有名的灌肠铺要数后门桥一带的合义斋，每到夏秋季节，这家铺子还会在什刹海荷花市场支起大铁铛现炸现卖，相当受游客欢迎，以至于有人管它叫"北京灌肠铺"。

　　到了二十世纪中期，这种手艺渐渐消失。通常说的灌肠已经跟"肠"没有太直接的关系，只是用清水把淀粉和成十几斤重的大坨后蒸熟，甚至连肠的形状也没有了。蒸好的淀粉坨子晾凉了用刀旋成不规则的菱形片，在大铁铛里炸得吱啦狂响，浇上盐蒜汁儿，就叫做炸灌肠了。

　　常见的灌肠是用白薯淀粉蒸制的，颜色青灰，略有些透明，拍一拍感觉很筋道，切开了里头还会有没完全溶化的白色淀粉颗粒。别看样子不好看，但炸得了吃起来喷香。

　　地道的灌肠不是切出来的，而是一手托着淀粉坨子，一手用刀"旋"出来的，是不规则的菱形片，每一片都得有薄有厚才好。唯有这样，炸出来才能薄的地方焦香酥脆，厚的地方嫩软弹牙，吃起来焦脆中带有肥嫩的口感，嚼着有吃肉的感觉。如果全切薄了、炸酥了，那就变成排叉儿了。现在很多号称是北京风味的餐厅里卖的灌肠之所以不是味儿，往往就在于不是"旋"出来的而是切出来的。据说这么做是为了省人工。码放在盘子里看上去倒是挺整齐，不过吃起来可就没什么意思了。

吃灌肠不用筷子，而是拿牙签扎着吃，因为若是炸老了，扎不动；炸嫩了、散了，扎不起来。这吃法本身也是检验灌肠质量的手段。

从前炸灌肠要用网子油，也可以用炖猪肉时上面的那层浮油，这样炸出来不仅是脆的，而且是酥的，伴着一股醇厚的肉香。遗憾的是，现在炸灌肠铺几乎都改用素油了，说是为了健康，灌肠变成了全素斋。这么炸出来的灌肠只能说是脆的，而不能说是酥的，火候掌握不好还发艮。

吃炸灌肠必须浇蒜汁儿。把大蒜瓣放在碗里，撒上些盐后用木制的蒜槌捣烂，然后再用凉开水一激，蒜汁呈淡淡的绿色。注意，蒜必须是捣烂的，而不能用刀切或拍，那是出不来蒜香气的。再是必须用凉开水，因为水一热就出蒜臭气。另外，捣蒜之前放了盐，蒜才不乱蹦。要是能点上几滴香油，味道当然更好。灌肠能咂摸出些肉的味道，奥秘也就在这鲜辣的蒜汁儿上。对于不吃生蒜的南方食客，大概永远也体会不到其中的妙处。

前些日子我去护国寺，发现重张开业的合义斋里又卖开了传统炸灌肠。为与通常的灌肠区别，他们把灌在猪肠子里的那种叫做"合义斋灌肠"，而只是用淀粉蒸的那种叫做普通灌肠。当然，想吃合义斋灌肠除了要多花几个钱外，还必须排上好长的队。

黑漆漆的大铁铛里发出吱吱的声响，炸得半焦的合益斋灌肠像一个个小圆饼。阵阵扑鼻的浓香飞也似地钻进正举着塑料牌排队的人们的鼻腔里，大家急切地盼望着那消失多年的老味道。也许未必图的是什么具体的味道，而更多是在过心瘾，或印证某种记忆深处的想象吧？

茴香豆

咸亨酒店

烂和蚕豆

大凡读过《孔乙己》的人，十有八九都向往着有朝一日能去绍兴，亲口尝尝那颗给孩子们带来无尽欢乐的茴香豆，回味一下"多乎哉？不多也"的余韵。

我曾经一直以为那是一种特殊的豆子，直到真的站在咸亨酒店曲尺形的大柜台前，要上一碟茴香豆才知道，茴香豆原来就是用茴香煮出来的青绿色的蚕豆。捏起一颗豆子剥皮入口，是一股隐隐的茴香气；嚼上一嚼，有着淡淡的咸鲜，微微回甘，但并不特别烂。特色是有的，不过没有想象中那么迷人。

转念一想也是，孔乙己本来穷困落魄，好不容易弄来几大文钱便立刻送到小酒馆里享受最低档的生活乐趣，可见这茴香豆原本就不是什么特别的美味，只不过是绍兴人所说的普通"过酒胚"罢了，而那么多人来这里吃茴香豆，更多是为了追寻儿时课本里的记忆。

说到煮蚕豆，老北京的小贩也有卖的，不过不叫"茴香豆"，而是叫"烂和蚕豆"。和绍兴茴香豆不同的是，北京的烂和蚕豆是把大个的干蚕豆用清水泡出芽来，加进花椒、大料、小茴香等调料，放到大砂锅里用开水煮烂。直煮到豆子快没了魂，才加进盐去，晾凉了捞出来盛在筐里，盖上块潮布，就可以走街串巷吆喝着卖了。

烂和蚕豆的颜色不是青绿而是棕红，一颗颗煮得开了花，吃起来浓香绵软，入口酥融，连皮都能一起嚼嚼咽了。这种豆子通常并不作下酒菜，而只是老人孩子们吃着玩的零嘴儿。小贩见到有孩子来买烂和蚕豆，就用小铲子铲在一张荷叶里，包上一大包递过来，孩子们会嬉笑打闹着边吃边玩儿。

过去卖烂和蚕豆的小贩很多，各家做法并不相同，有的是直接煮，有的是炒了后再煮，还有的是加了葱、蒜煮。上世纪五六十年代，南池子瓷器库一带曾经有位笑眯眯的老爷子卖的烂和蚕豆相当有名，谁也不知道他的大号怎么称呼，但街坊们不分老少都称他为"五舅"。据说按辈分论，他确实是某个贝勒的舅舅，后来家族衰败，沦落到以卖自己爱吃的烂和蚕豆为生。"五舅"的蚕豆焖得地道，烂而有形，烂而不糜，以至于周围几条街的街坊都特意跑过来买他的豆。

"五舅"的蚕豆我并没吃过。我记忆里的烂和蚕豆是上世纪八十年代钱粮胡同里一家小铺子的。一位回民老爷子，每天焖一大锅，周围几条胡同的人都去买，一买就是一小锅，端回家慢慢解闷儿，热乎乎的，越嚼越香。

　　若论好吃，我吃过的最美味的豆子既不是茴香豆，也不是烂和蚕豆，而是和几个朋友在云南束河古镇吃到的鲜蚕豆。自己亲手从地里采摘，自己在锅里熬煮。那是在快接近水源的地方，有一家叫"守望者"的酒吧，门口挂了块牌子："要吃菜，在地里，自己摘；要吃肉，在鸡舍，自己做；吃过以后可以坐下来发发呆。"大家被这别致的招牌所吸引，真的自己动手，从门前的地里第一次采摘到新鲜的蚕豆，七手八脚地剥去肥厚的青皮，剥出一颗颗翠绿鲜嫩的蚕豆。凑了一小竹筐的量，只加了一把盐，就用门前清凉的溪水在老板提供的大铁锅里煮了。没过多久，豆香扑鼻，迫不及待地倒回小竹筐里端上桌子，就着灿烂的阳光吃下去。哇！真的发呆了！那清冽的鲜醇，才是蚕豆的滋味。

鸭血粉丝汤　时件　鸡鸭血汤　绿波廊

金陵自古善食鸭。南京附近出产的鸭子，春天觅食河湖里的鱼虾，秋天饱餐水田里的稻谷，汲取了江南丰沛的养分，自然拥有非比寻常的美味。在南京，有回味悠长、号称"六朝风味"的板鸭；有鲜细肥嫩、泛着桂花馨香的咸水鸭；有各种各样令人眼花缭乱的烧鸭、卤鸭、烤鸭……甚至连零零碎碎的鸭杂和咸腥的鸭血也能配上透亮的粉丝，做出一碗适口充肠的鸭血粉丝汤。

鸭血粉丝汤的主角当然是鸭血。把宰鸭后的鲜血滴入加了盐的温水里，鸭血迅速凝固成绛红的血块。上笼屉蒸熟，加工成一块块血豆腐。再经过冷水浸泡，为了去腥，也能让它变得细嫩。不过用之前还要再煮，才能把腥气彻底逼出去。也可以滴上几滴柠檬汁，吃起来口感更润滑。

仅有鸭血是不够的，还要有鸭肫、鸭心、鸭肝、鸭肠，这四种鸭杂放在一起叫做"时件"。鸭肫撕去肫衣处理干净；鸭肝切成小块；鸭心破开了洗净血污；鸭肠更不能少，用醋搓揉后切成一寸来长，这可是众多鸭血粉丝汤的"粉丝"们的最爱。时件准备停当，按照类似制作盐水鸭的工艺腌制烹煮后，切成条片，这些就是鸭血粉丝汤里的精美配料。不过，若说精华，却是那锅澄清香醇、鲜沁肌骨的老鸭汤，那是用整只老鸭加上调料精心熬炖了很久很久才成的鲜美琼浆。

将切成麻将牌似的鸭血块下进老鸭汤里煮了，再加上些鲜咸适口的时件片、一把晶莹剔透的红薯粉丝、几块炸得金黄的豆泡，撒些辛辣的胡椒粉，配上碧绿的香葱、香菜，就做出了一碗滑爽甘美的鸭血粉丝汤。虽说并没用什么昂贵的材料，但品一口漂着鸭油的汤汁，吸一缕纤细滑顺的细粉，尝一尝鸭血的细腻、鸭肫的筋道、鸭肝的香糯、鸭心的健硕，特别是那滑脆耐嚼的鸭肠，但觉鲜嫩之气滋润了喉咙，温暖了肠胃，两腋习习，浑身轻松，金陵的春江水暖尽在这碗汤里。若是再吃上个酥甜的鸭油烧饼，就可谓尽善尽美了。

上海的鸡鸭血汤和南京的鸭血粉丝汤口味接近，只是里面没有粉丝，也没有豆泡，而且所用的材料主要是鸡血、鸡杂，有时里面还会有几颗小蛋黄。至于为什么不叫鸡血汤而叫鸡鸭血汤，据说是因为当地不管鸡血鸭血，统称鸡鸭血，即使全是鸡血也会这么叫。

我曾在豫园前的绿波廊喝到过精品鸡鸭血汤，清莹的鲜汤里漂浮着颗颗绛红色豆粒大小的鸡血，真是鲜得眉毛都要掉下来的。不过最早的鸡鸭血汤只是城隍庙前摆摊小贩熬制的粗食，一口大铁锅中间放个箅子，一边炖着鸡头鸡脚，另一边烫血煮汤。馋人的香味弥漫在城隍庙前，令许多香客搜肠刮肚、垂涎欲滴。若想喝时，便舀一碗血汤，放上些切好的鸡时件，撒上香葱和五香粉，淋上鸡油，暖暖地喝上一碗，既便宜又解馋，引得无数白相城隍庙的游人频频光顾。时光流转，鸡鸭血汤成了颇具上海情韵的城隍庙经典小吃。

下里巴人的吃食一旦蜕变成特色风味，也就可以登得大雅之堂了。一九七三年，西哈努克亲王访问上海，驾临豫园绮藻堂，接待单位特地给他精工细制了这道鸡鸭血汤。具体怎么个精致不得而知，只是据说仅仅为了筛选出一碗黄豆粒大小、个头一致、还没有生成蛋的娇艳嫩黄的鸡卵，就用了一百零八只草鸡。

吃馄饨的地方不少，吃面条的地方就更多。一般来说，馄饨是馄饨，面是面，二者并不往一处搅和。可也有例外，在粤港地区，馄饨和面是放在一起吃的，一碗靓汤里既有馄饨又有面，只不过改了个名字叫"云吞面"。通常，粤港地区的饮食并不以面为主，但这碗云吞、细面和靓汤交融的云吞面却在当地的小吃里抢尽风光。

云吞面的精气神凝练于它的细节里。

先说面。大部分地区的面条是以水和面，或拉，或抻，或擀，或削，以柔软滑口为佳。粤港地区的面却另辟蹊径，讲究的是细如丝，滑如脂，爽脆弹牙。这样的面条不是抻出来的，也不是擀出来的，而是用一根比壮汉胳膊还粗的大竹竿子打压出来的，就是所谓"竹升面"。这可是云吞面的神髓。

揉面团当然是第一步。做竹升面不加一滴水，和面只用鸡蛋或鸭蛋清。十斤面粉要用上五六十只蛋，是名副其实的全蛋面。面团放在大案板上，案板一端的铁环上固定着大竹竿的顶端，另一端上则骑坐着压面师傅。只见他用脚一蹬一蹬，让身体带动着竹竿有节奏地律动，均匀弹压着那坨子面，一边压一边移动着竹竿，仿佛是在舞蹈。渐渐地，面坨被碾成一匹鹅黄色的缎子，再揉拉成银丝一样幼细而有质感的面线。面条晾晒以后，猛火煮熟，就成了云吞面里韧性十足、蛋香浓郁的银丝面。

再说云吞。"云吞"二字用得真好！不仅惟妙惟肖地描绘出其云朵一般清澈的气韵，而且让人体味到吃起来吞云吐雾的感觉。据说最初的云吞个头不大，里面也没有虾，而只用剁碎的猪肉糜，七分瘦，三分肥。现在这种"净肉云吞"已经很少，流行的是肉丸里放进虾球的大个云吞。一个个云吞漂浮在靓汤里如金鱼甩尾，从又薄又滑的面皮露出里面粉红色的虾肉。咬一口虾球，鲜脆无比，香醇的肉丸更是弹牙仔腻，似乎隐约有种烧烤香，据说是用蛋黄浆住了肉味。

把云吞和面放在一起并不就是云吞面，鲜香扑鼻的靓汤才是神韵。那看上去清澈、喝起来醇厚的汤，要用大地鱼、猪筒骨、虾籽、罗汉果等等祖传秘方熬煮上半天才够火候。热腾腾地喝了，个中鲜甜甘美怎不让人寻味再三？

一大碗云吞面端上来，汤清，面滑，云吞硕大，环绕着细面的清汤上点缀着朵朵碧绿的葱花，清澄透澈，让人不忍搅拌。其实也无需搅拌，搅拌了反而破坏那已然混同一体的精气神。

著名面店黄枝记的对联上说："有钱最好食云吞。"会吃的人不加酱油和辣酱，端上来先细细尝上一口滚烫的靓汤，品品那浓浓的鱼鲜、淡淡的韭黄香，还有细幼虾籽特有的海韵。然后再点上香醋和胡椒粉趁热快吃，享受幼弹滑牙的银丝细面和又薄又滑的云吞中所包含的别样爽利。

用竹竿手工打面属于古法工艺，费工、费时、效率低，现在大多数的店铺已经不用，而代以大型的机器压面，或许这样比手工压面更匀称更稳定吧？不过人们往往更思念手工时代的那份亲切，似乎并不只是为了那份韧劲和咬劲，更是为了那"咯噔咯噔"的打面声里所凝聚着的心思。

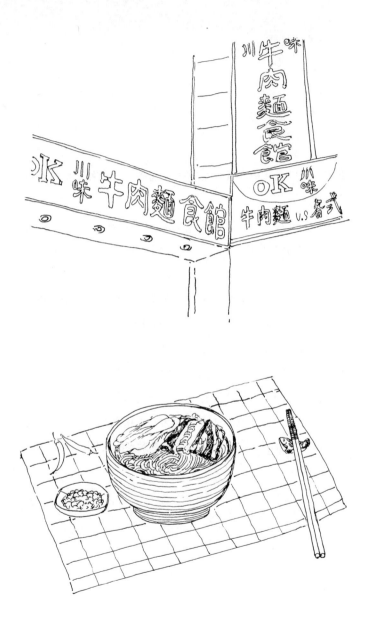

　　这里说的川味牛肉面其实并不在四川，而在宝岛台湾。

　　近几十年来，台湾吃牛肉面之风盛行，不仅在大街小巷随处可见的小面馆里可以吃到，即使在五星级酒店的餐厅里也可以点上一碗；不仅有林林总总的"牛肉面大王"，而且还有牛肉面节、牛肉面大奖赛，大有形成牛肉面文化的态势。至于品种，那可就多了，如葱烧牛肉面、番茄牛肉面、沙茶牛肉面、咖喱牛肉面……而在众多口味中，又以醇厚辛辣的川味牛肉面最为经典。

　　做牛肉面离不开两样材料：一是面，一是牛肉。可台湾原本不怎么产小麦，当地人自然也就不怎么吃面。至于牛，当地人认为那是耕地的劳动力，更不舍得宰了吃肉，况且那些干活的牛多是水牛，真要炖肉也不会烂。

　　宝岛风行牛肉面始于一九四九年。那一年，大批大陆人来到宝岛，其中冈山眷村里的居民许多原籍四川。他们发现当地出产的辣椒和蚕豆质量相当不错，就按照家乡郫县豆瓣辣酱的酿造工艺做开了豆瓣辣酱。眷村里又专门饲养了黄牛，于是有人把这种豆瓣酱研磨成糊，煸炒出红油做调料，洒在用花椒、大料等调料炖烂的牛肉里，做起了色泽红亮、浓香鲜辣的川味红汤牛肉。连汤带肉地舀上一大勺拌面条儿吃，既能解馋，又能抚慰思乡之苦，寄托无尽的离愁别绪。这正是台湾的牛肉面和四川的渊源。

好味道总是吊人胃口。牛肉面先是在眷村里兴起，后来逐渐有人在附近的街市上支起大锅炖肉，卖起了汤浓味厚、略带辛辣的川味牛肉面了。

不过，川味牛肉面的盛行并不在台湾南部，而是在上世纪六十年代的台北。那时的台北经济正在起步阶段，而做起来省事简捷，吃起来痛快过瘾又给人以辛辣刺激的川味牛肉面，正好契合了都市生活的快节奏，再加上当时澳洲和美国牛肉大量出现在市场上，价格相对便宜，于是吃牛肉面之风盛行开来。桃源街上一度出现过二十多家牛肉面馆，家家大锅里浓汤微滚，个个招牌上写着"大王"，整条街上到处可以听到稀里呼噜的吃面声，那粗豪的氛围几乎成了台北街头一景，而飘散着牛肉面味道的街巷也成了许多台北人的青春记忆。

牛肉面的灵魂当然是炖牛肉。虽说都是炖，但各家面馆的肉却并不相同。有用牛腱子炖的，有用牛腩焖的，有在阳春面上放上一大块牛排的，有在汤上撒上一大把鲜葱花的，有在桌上配一碟酸甜爽口小泡菜的。在众多牛肉面里，最好吃的当属半筋半肉面，据说是用熬煮好的骨头汤在三天里分三次炖出来的。每一块吸饱了浓汤的肉上都有少一半筋、多一半肉，吃起来是筋黏韧，肉醇厚，滑润非常，食客们没吃完头一碗就已经想着第二碗了。原本来自外省的牛肉面就这样在异地生根繁花盛叶，演变成了台北的地方美食。很多观光客也特意来这里吃面、留影，体验台北醇厚的市井风情。

后来，一些做牛肉面的师傅侨居美国，在唐人街仍然以此为业，并最终使川味牛肉面成为华人世界享誉度最高的面。不过在大洋彼岸，人们为它改了个名号，叫做"台湾牛肉面"。

有意思的是，大约上世纪八十年代末，这碗牛肉面又不远万里从美国漂洋过海传回了中国大陆。也许是当时美国加利福尼亚做面条的华侨多吧，这面条摇身一变，竟然成了"加州牛肉面"。一碗牛肉面，从大陆传到台湾，转了一大圈又传回大陆，酣畅淋漓间，味道有几多？

艇仔粥

三元及第粥

有道是"吃在广州"。广州的美味不仅做工精细，而且品种丰盛得让人眼花缭乱。抛开宴席上的大菜珍馐、早茶上的精良细点不谈，单是一碗普通的粥，经广州人之手也能做出酸、甜、苦、辣、咸五滋兼备，清、鲜、嫩、爽、滑、香六味俱全。

与北方粥的清淡爽口不同，广州的粥讲究的是水米浑然一体，口感香、绵、软、滑。粥的种类更是无奇不有。什么鱼生粥、滑鸡粥、水蛇粥、皮蛋瘦肉粥，还有用猪肝、猪腰、猪肚做成的三元及第粥……似乎只要是能吃的都可以用来煲粥。其中最具情调的，莫过于西关的艇仔粥。

旧日的西关还是广州城的西郊，珠江从那里蜿蜒流过，岸边不远处是成片的荔枝林。正是"一湾青水绿，两岸荔枝红"，因此被誉为荔枝湾。那里的河道两岸货栈、洋行林立，水面上日夜舟楫交错，或游弋于碧波，或停泊于码头。有叶叶小舟穿梭往来在大小船只之间。舟很小，只能容下两三个人，支着雨篷，舢板上置有简单的炉灶，这舟便是广州人说的艇仔。艇仔上往往有一对干净利落的夫妇，男人悠闲地摇船，女人精心地煲粥。一旦听到大船或岸边有主顾召唤："喂，来一碗粥"，艇仔便飞快地漂将过去，递上一碗滚烫喷香的艇仔粥。

发明艇仔粥的是清末民初时一位西关大少。他家道中落，只落得撑起艇仔卖鱼生粥维生。想那少爷当初必是见过世面的，煲出的粥不但精致，而且用料也与众不同，除了常用的鱼片，还放进了海蜇丝、烧鸭粒、鱿鱼粒、炸花生米、油条丝等等十几种配料，料虽多却不杂，再配上葱花、姜丝和胡椒粉，普通的鱼生粥便成了香辛洋溢的难得美味。那些在荔枝湾里讨生活的小贩、手艺人以及货栈和洋行里的中方雇员都喜欢买他的粥来解渴充饥，一边喝一边赞叹："好味！好味！"就连那些商船老板和海关官吏们也会时常吩咐手下："去，买那个艇仔上的粥来吃。"可加了那么多作料的粥到底叫什么呢？不知是谁给起了个雅号，叫"艇仔粥"。日子久了，其他小贩也学着做，渐渐"艇仔粥"成了珠江桥畔拍拖的东山少爷和西关小姐们最青睐的宵夜。

做艇仔粥不仅用料丰富，而且煲制粥底相当讲究。要用两尺多高的瓦制牛头煲加清水粳米，滚开翻腾之时把剁碎的大地鱼骨和另外烤炙好的大地鱼、猪骨头、干贝等用纱布包了下进煲里，文火熬上整整半天，直熬得香气四溢，化米为糜。捞出纱布包，加上少量细盐，粥底才算煲透。客人要喝时，只需把新鲜的大地鱼片、烧鸭粒、鱿鱼粒等等配料放在碗里，用烫粥冲滚，撒上炸花生米、油条丝、葱姜丝、胡椒粉，点缀上虾子，滴上麻油。不多时，一碗白黄相间、红绿点染的艇仔粥就做好了。

江风徐徐间，摇着蒲扇，端一碗艇仔粥，用匙子搅动那绵密的粥糜，细细品味那鱼片之滑爽、鱿鱼之鲜美、花生之香脆、油条之松软，这就是西关的味道。据说当年孙中山先生在广州的时候，最爱喝他堂兄孙桂家的艇仔粥，而且喜欢用叉烧粒代替烧鸭粒。

现在珠江里那些艇仔已然难得一见，想尝艇仔粥只能去沙面的茶楼、上下九的肠粉店，或是去黄埔古港采风怀旧了。不过若到广州，一定要喝上一碗带着层厚厚粥油的艇仔粥。滚烫滑爽的粥里不仅有鲜香，更融入了广州人挥之不去的西关情结——晚霞中荔湾的暮色，西关大屋的别样情调。

大
盘
鸡

　　我的一位好朋友，经历非常传奇。他成长在新疆一个偏远乡村，十六岁就到油田上当了汽车修理工。戈壁滩实在没有太多的娱乐，他身边的工友除了修车就是打牌喝酒。我这位朋友却与众不同，他竟然机缘巧合地被一个黑漆漆的话匣子所吸引，发现了一个五彩斑斓的声音世界。他梦想成为能在话匣子里说话的那个人——播音员。二十七岁那年，他只身一人来到北京，经历了太多的曲折，最终圆了自己的播音梦，成了电台的金牌主持人。我也有幸和他合作多次。

　　有一回录完节目，他执意请我去一家新疆小馆吃饭。于是我问："如果让你只推荐一道新疆菜，会是什么？"

　　他不加思索顺嘴蹦出三个字："大盘鸡。"

　　"不是羊肉串呀？"我有些诧异。

　　"羊肉串不当菜吃，大盘鸡才攒劲。又是鸡又是菜又是面的一大份，多过瘾！"话语间他脸上不自觉地洋溢起幸福，"而且我跟您说，大盘鸡就是当初老去我那儿修车的一帮卡车司机发明的。"

　　大盘鸡的历史谈不上悠久，大概是20世纪90年代才有的。最初是从乌鲁木齐到伊犁、塔城、阿勒泰公路两侧凉棚下风尘仆仆的卡车司机们专享的路菜。据说原本并不叫大盘鸡，而是叫辣子炒鸡，或者干脆简称为炒鸡。卡车一刹，司机高呼道："炒鸡。"一只生鸡剁成几大块，加上干辣椒、青辣椒、花椒、土豆块上火焖炒，盛在大搪瓷盘子里端过来，两三条汉子围着大盘子就着野风开吃，满嘴油辣滑麻，浑身酣畅淋漓。后来也说不清是谁，把二指宽的皮带面下进丰润味足的底汁里一拌，面上立即染了辣椒的腥红，浸饱土豆的浓醇，晶亮诱人。这样亦菜亦饭的一大份，保准吃个肚儿歪。要是不够，还可以再继上两根皮带面。这种吃法不知不觉顺着公路流行开来，竟然一时红透全国，就被叫成了"大盘鸡"。

大盘鸡的味道独一无二，可要问属于什么菜系，恐怕谁也说不清。但它肯定是深受公路上行走的各路人等喜爱的一道大菜。一份大盘鸡满足了新疆人性豪爽，四川人嗜麻辣，陕西人喜宽面，河南人好烩菜，以及甘肃人对土豆的喜爱。算得上是融各家之所长，不管哪儿的人都会吃上瘾。

别看大盘鸡只是简单几样食材融于一盘，却做到了主副配合、荤素配合、干稀配合、鲜香配合。这还不算，更难得的是，吃起来鸡是鸡味儿，面是面味儿，土豆是土豆味儿，辣椒是辣椒味儿，绝不乌涂串味儿，看上去也是红绿黄白棕五色彩鲜明。尽管不是老菜，却深得中华烹饪之精髓。

大盘鸡最大的特点，那当然是一个"大"字。它之所以能迅速传播全国，恐怕也正益于这个"大"字。整鸡剁大块，土豆一刀两断，葱、姜、辣椒、花椒更是整段整粒往上加，那皮带面足有两指宽，整肉整菜小山似的一大盘子上来，看着大气，吃着痛快，让人无比满足。

据我那位朋友讲，在新疆，大盘鸡是整鸡现斩成大块，生着炒，骨头上血丝，直接盛在一个一尺半宽的大搪瓷盘子上。北京的大盘鸡已经变成先炖再炒，吃起来没有当初香，而且是盛在一瓷盘子里，略显秀气了。或许，在他心里永远有一条抹不去的大路通往天际，大路上疾驰着滚滚车流吧。

烤乳扇

乳扇

大理有两种香，一种是花香，一种是乳香。两种香搅在一起，让人神魂颠倒。

花香自不必说，大理自古风花雪月，一年四季花不断。刚进一二月，一望无际的油菜花就忙不迭染黄了大地，微风吹过，花海汹涌，热烈的金光闪得人眼晕。往远处看，山野间点染着的点点娇艳是碗大的茶花，看得人人心动。三月到五月是杜鹃花的季节，漫山遍野红的、黄的、白的、紫的……不看杜鹃，就不明白什么叫姹紫嫣红。六七月的茈碧花是高贵的，它们每天只在正午时分绽放开玉瓣金蕊，刚到下午又急匆匆闭上，仿佛只来欣赏一天里最美的一刻。八月的大理不得了，桂花香甜，葵花灿烂，银桥花海让大地披上了彩虹妆。到了九十月，带着野气的格桑花开了，把洱海打扮得浪漫异常。在藏语里，"格桑"的意思就是一段美妙的时光。冬天的大理属于梅花和冬樱。梅花谢后樱花绽，浅浅匀红。不，大理没有冬天，也没有四季，大理只有一季，就是花季。

大理的乳香渗透在街头巷尾，站在古城中轴线上，时不时就能闻见一缕缕奶味儿。那是摊子上烤乳扇的气息。

　　乳扇号称云南十八怪里的一怪，学名应该叫传统拉伸型干酪，以邓川镇出产的最为有名。《邓川志》上说："乳扇者，以牛乳杯许煎锅内，点以酸汁，削二圆箸轮卷之，布以竹架，成张页而干之，商载诸远。为美味，香脆愈酥酪。"这里说的酸汁是当地出产的一种酸木瓜榨出的汁水，用它来点牛奶，就能沥制成酪，再用木杖拉伸出飞薄的乳扇。乳扇一排排缠绕在竹竿上，挂在阳光下一照，熠熠生辉，映出乳润的光，有种说不出的神秘。

　　烤乳扇讲究微火弱烤。用一根木筷把乳扇卷了，边卷边涂玫瑰酱，卷成一卷架在炭火盆上的铁箅子上燎烤。眼见乳扇慢慢柔软滋润，渗出油滴，烤出焦糊的粽斑。冒着热气递给客人咬上一口，扇皮酥韧，膻香里裹着甜腻的玫瑰香，爱吃奶酪的人是无法拒绝的。不过乳扇不能像糖葫芦那么举着边走边吃。那样吃，融化的了玫瑰浆会流出来，弄不好滴一身。吃乳扇最好是找个地方坐了，闻着花香，慢慢品味那浓郁的乳香。

　　乳扇也可以油炸，直炸到奶皮鼓胀起来，金黄色的表面顶起大大小小的气泡，略微凉些之后撒上细盐，咔嚓一声咬下，外皮脆裂，里层柔韧，乳香里渗着甘甜。有道是："要想甜，加些盐。"加盐，才更显出甜来。

乳扇还能吃出各种花样，炒、烩、烫、蒸，甚至生吃都是各得其味。如果做成夹沙乳扇就更讲究了，乳扇回软之后整张摊开，涂上和了桃仁和红豆沙的玫瑰酱，用筷子一边卷一边下进热油炸，炸酥了，就成一个层次分明的黄金筒。这就是宴席上一道妙不可言的压桌甜品。

有一种说法，大理的乳扇来源于元代忽必烈征战大理时带来的奶酪，我觉得有些道理。郭沫若是著名的历史学家，他的悲剧《孔雀胆》写的是元朝末年发生在云南蒙古族和白族之间的悲欢离合，其中就有一句"穆哥王子是顶喜欢吃乳扇和干饼的"，想必是有依据的。况且直到今天，大理白族三道茶的第二道还有把乳扇搓碎了泡进茶里一起饮用的习俗，这和蒙古族喝奶茶时往里加奶皮子的方式是不是有几分相似？饮食的背后往往隐匿着历史的痕迹。

现如今来大理的游客大多只是来玩儿的。那么正如汪曾祺先生所说，乳扇也可以"吃着玩儿"。闻着花香、乳香，看着大理的风光，吃着街边的乳扇，就挺好。不知所起又何妨？

鱼
骨
酱

八十年多前，有群文艺青年怀揣梦想来到东海之滨的一个小渔村，和当地渔民同吃同住，拍摄了一部凄婉动人的故事片，创造了在大上海连续放映八十四天场场爆满的神话。翌年，这部片子从莫斯科电影节载誉而归，成为中国第一部在国际上获奖的故事片，片中主题歌更是余音绕梁八十载，成为几代人传唱的不朽经典。这就是号称中国现实主义电影奠基人的蔡楚生编导的《渔光曲》。

如果你到过离宁波不远的象山县石浦镇，一定忘不了大海边那尊拉小提琴的聂耳雕像吧？他面朝大海，看潮水升，浪花涌，渔船漂摇。当时，为《渔光曲》配乐的正是这位年仅 22 岁的音乐天才。

石浦是个好地方，来到这个有着六百多年历史的著名渔港，除了欣赏不朽的《渔光曲》，品尝海鲜自然也是少不了的。最能代表石浦独特味道的不是闪着银光的带鱼、鲳鱼，也不是千滋百味的各种蛤蜊，甚至不是脂膏肥满的梭子蟹——尽管这些海产确实鲜嫩，但在东海沿岸很多地方都能吃到，况且烹饪手法无非清蒸、白煮，并无独到之处。来石浦不能不尝的海鲜是鱼骨酱，这是唯有这方宝地才有的至味。

鱼骨酱应该属于地道的渔家饭，是把鮸鱼或马鲛鱼的鱼头粗切细斩，剁成豌豆大小的颗粒，烧热的油锅里下蒜蓉、姜末、葱白爆香，倒进切好的鱼骨粒，加酱油、米醋、白糖、料酒烧开，直熬至肉酥骨烂之时，勾浓芡出锅，撒胡椒，淋麻油，点葱花，一碗酱红油亮的鱼骨酱就做好了。一勺入口，连骨头带肉在嘴里倒海翻江，又滋润又骨力，也鲜爽也浓香。那丰富奇妙的口感管保让初尝者惊艳不已。

当地人说，想吃正宗的鱼骨酱还得去石浦海边的大排档。尽管城里的大饭店也有做鱼骨酱的，用料自是精细许多，但总觉没有石浦海边大排档的地道。

石浦人世代以渔为生，像这种吃法粗豪的鱼骨酱必是出自《渔光曲》里徐福那样终日"轻撒网，紧拉绳，烟雾里辛苦等鱼踪"的贫苦渔民之手。打上来的大鱼、好鱼拿去缴船租了，自己却落不着吃，剩下些鱼头鱼骨剁碎熬酱聊以充饥。这样一代代传承下来，竟然发展成了其他地方没有的独特风味。或许粗食就得是个粗吃法才能吃出真味道。热滚滚地吃上一碗，透骨新鲜。

云儿飘在海空，鱼儿藏在水中。

早晨太阳里晒渔网，迎面吹过来大海风……

　　石浦的海边，聂耳拉着琴巍然屹立，《渔光曲》的旋律仿佛永远飘荡在宽阔的海湾，也浸透在一碗质朴的鱼骨酱里。或许王人美、韩兰根、罗朋等等那些昔日巨星也曾在这里就着微咸的海风，嬉笑争抢着吃过一碗浓香的鱼骨酱吧？如今，巨星已随海风去，只留下一碗滚烫的鱼骨酱。

渔光曲

饭店吃个名气

去饭店吃的是个精细，图的是个名气。更有那老字号里的百年传奇、名角趣闻，为盘中餐添加了些特别的味道。

烫干丝　大煮干丝　富春茶社　冶春茶社　共和春酒家

大凡去淮扬风味的馆子吃饭，人们总喜欢点上道大煮干丝。这道菜源自乾隆下江南时在扬州吃过的九丝汤，是用清醇的土鸡汤配上鸡丝、火腿丝、笋丝等等细料，熬煮嫩白细韧的豆腐丝而成的。根据四时节气，这碗汤还可以调配出不同的口味——春季以竹蛏入鲜，夏日以脆膳佐味，秋天自然要用蟹黄调汤，寒冬则点缀上碧绿的青菜。不论什么季节，一碗鲜浓的干丝都会令人觉得柔润细腻，回味不尽，不愧为淮扬菜的典范。然而，在地道的扬州人看来，干丝的神品并不是大煮，而是只用滚开的水来烫。

扬州的生活诗意而悠闲，这悠闲的日子正是以清晨的一碟鲜滑淡爽的烫干丝拉开序幕的。"早晨皮包水，晚上水包皮。"这就是扬州人的日子。晚上要舒舒服服地泡上个热水澡，而早晨梳洗完毕则必要到茶社去喝一壶清茶，吃上顿早点。扬州早点的主角通常是各色蒸包子，什么三丁包子、蟹黄包子、雪笋包子……在等待包子出笼的时候，必会叫上一壶热茶，配上一客滋润、利落的烫干丝慢慢地享用。清淡的干丝，动人的味道。

烫干丝始于何时不得而知，袁枚的《随园食单》里已经有明确的记载："将好豆腐干切丝极细，以虾子、秋油拌之。"现在的干丝大抵还是这么个烫法。厨娘从大盆里抓出一把切好的干丝放进碟子里，当着客人面用滚开的水一浇，即刻熟透。再滗去汤水，浇上鲜酱油，撒上芽姜切成的细丝，配上海米、香菜，点上香油，干丝即刻烫好。做法看似极其简单，而其中的妙处几乎全在那纤细如发的豆腐丝上。

烫干丝所用的豆腐丝不同于北方那种加工好的咸豆腐丝，而是用细浆做的大白豆腐干。先一刀一刀片成精薄的大片，再摞起来切成纤细的丝。这种豆腐干柔韧而紧密，可以片得极薄、极细，唯有这样才能一烫即熟，而又不糟不烂。这种豆腐干又特别称为"扬州白干"或干脆叫做"干丝干"。

确切地说，烫干丝不是菜，而应该算做茶点——既不妨碍同时品味一壶清茶，也不耽误其后狼吞虎咽地大吃一顿包子。烫干丝就是这样精妙，是一顿丰盛早餐的最好铺垫，开胃热身，而又绝不腻嘴腻舌。正如朱自清先生所说："烫干丝就是清得好，不妨碍你吃别的。"

烫干丝吃的是柔韧筋道的口感，品的是清白深处若隐若

现的鲜，体会的是"清清淡淡天资美，丝丝缕缕韵味长"的
神韵。

照理说，吃烫干丝应该是到号称淮扬第一楼的富春茶社，
因为唯有那里才能喝到号称"一壶水烹三江茶"的魁龙珠茶。
这茶集龙井的味、魁针的醇、珠兰的香于一壶，初品平淡无奇，
却越泡越出味道，直让人喝得微微欲醉，欲罢不能。可不知
为什么，现在的富春茶社却似乎没有这道茶品了。

现在要吃烫干丝，就去瘦西湖附近另一家著名的茶楼
冶春茶社吧！那里还有乾隆吃过的五丁包子："荸荠鼓形鲫鱼
嘴，三十二纹味道鲜。"或者索性跟着扬州人优哉游哉地穿过
弯弯曲曲的砖巷，去少有外地游客光顾的共和春酒家，那里
非常平民化，可以尝到世俗生活所特有的随意和温馨——品
着一碟干丝，或看阳光映衬下树梢的光和影，或听滴滴答答
的小雨声，或有一搭无一搭地和周围的老扬州们扯上些闲话。

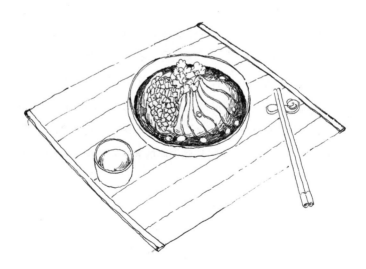

夫妻肺片　　两头望　　肺片　　荣乐园

现如今，各地的四川馆子里都有一道看上去通红鲜亮、吃起来香辣滑脆的冷荤——夫妻肺片。这道菜是用特制的卤汁、花椒、红油拌的牛肉、牛肚、牛舌、牛心切成的薄皮。地道的馆子里还会有精薄透明的牛脑壳皮，嚼起来咯吱脆生，别有情趣。不过翻来找去，里面唯独找不到肺片。很多人纳闷这是怎么回事，甚至怀疑是店家在偷工减料。这真是冤枉了店家，因为即使在这道菜的发源地成都，夫妻肺片里也是没有半点牛肺的。

按照《死水微澜》的作者、著名作家李劼人的说法，成都人吃肺片由来已久，这美味究竟是谁发明的不得而知。过去，成都三桥附近有小摊贩，在街边摆一条短凳，一头坐人，另一头放一只瓦盆，里面盛着用卤汁腌制的牛脑壳皮和牛脸肉切成的薄片，周围插一圈竹筷子，很像今天的"串串香"。吃的人用筷子拈食入口。小贩一面喊"筷子不准进嘴"，一面用小钱计数收费。常常有那路过的体面人禁不住麻辣诱惑，可又怕被熟人看见有失身份，于是迅速拈上两片放进嘴里，边嚼边两头张望，所以这种吃法又叫"两头望"，后来逐渐叫成了"肺片"。

有人说这肺片本应写成"废片",因为从前都是走街串巷的小贩卖给穷人吃的,所用原料都是废弃的牛杂碎。后来登堂入室进了大馆子,附庸风雅成了"肺片"。

又有人说肺片并不是"废片"。理由是牛肉、牛肚、牛心、牛舌头本身都是做菜的主料,并不是废物,而且最初里面确实有牛肺。清末成都皇城坝附近有个卖凉拌牛杂的清真摊位,摊主姓周。他拌的牛杂相当讲究,为了去除牛杂的苦涩感,只用特制的卤汤而不用酱油。红油选二荆条海椒用微火炒脆了捣成面,和上煎熟放温的菜油在碓窝里充分研磨。花椒粉则必选双耳朵大红袍在滚烫的铁板上焙热后研成。还要配上几片经过特殊处理过的牛肺片,渐渐地,人们把他拌的牛杂叫成了"拌肺片"。

成都卖肺片的本来很多。老字号"荣乐园"的宴席上甚至有只用盐和花椒粉、辣椒面干拌的肺片。不过绝大多数都舍弃了颜色黑红暗淡、不好看也不太好吃的牛肺,而只用牛心、牛肚、头蹄和牛肉。

肺片发源不详,但冠以"夫妻"的名分则有着确切的来历。上世纪三四十年代，成都少城半边桥街有个专门经营肺片的小铺子，店主是一对夫妇，丈夫叫郭朝华，妻子叫张正田。夫妻做的肺片制作精到，选料考究。先用特殊工艺除去了牛杂的草气，避免了与酱油混合带来的苦涩。再用芹菜花垫底，摆放上最好的白嫩肚梁子、淡红的牛舌、透亮的头皮、殷红的肉片，淋上秘制卤水、德阳酱油、红油，撒上芝麻、花生米、花椒粉，看上去五颜六色，吃起来又麻、又辣、又脆、又香！这富于层次感的口味超过了众多的肺片，回头客络绎不绝。"喂，去哪里吃肺片哟？""当然是去夫妻那家喽！"日久天长，小铺子竟被大家喊成了"夫妻肺片"。书画大师赵蕴玉先生也专爱这口儿，特为小店题写了匾额"夫妻肺片"。

很长一个时期，成都的姑娘和小伙子定亲前一定要吃上回"夫妻肺片"，既象征了热辣的爱情，又是对婚后夫妻同心过红火日子的憧憬。

日后，这道小菜声势越来越大，全国各地大大小小的川菜馆的菜单上都有了"夫妻肺片"，仿佛变成肺片的统称了。

龙井虾仁

碧螺虾仁

在杭州西湖边的凤凰岭，深山乱石中有一眼泉水。古时候每逢干旱，人们来这里祈雨都很灵验，所以传说曾有龙居于此，故称做"龙井"。北宋苏轼的弟子秦观路过此地，感叹其"内无靡丽之诱以散越其精；外无豪捍之胁以亏疏其气"，写下了名篇《游龙井记》，千古传颂。不过那个时候，还没有名扬天下的龙井茶。

龙井茶真正意义上的兴起应该是明朝之后。先是朱元璋"废团兴散"，让散茶得以大行于世；接着是炒青工艺代替蒸青，利用干热法把茶之浓郁发挥得淋漓尽致。那时候杭州人还发明了"撮泡法"，就是不再将散茶碾成粉末，而是直接捏一撮放在杯里用热水沏泡开喝，在品饮甘香的同时可以观赏到芽叶在水中沉浮的画境，于是有了"摘来片片通灵窍，啜处泠泠馨齿牙"的诗情。

龙井茶不仅可以泡着喝，还可以用来炒菜，这便是龙井虾仁了。

清明前夕，拆解鲜活的大河虾，挤出完整的虾肉，挑去污筋，盛放在小竹篓里用清水反复漂洗，直到洁白如玉，和上加了精盐的蛋清、水淀粉，静静放置上一个钟头。

明前龙井贵如金。经过漫长的严冬，茶树体内积蓄了充足的养分，芽叶香而醇。采摘香气高锐的明前龙井，用热水冲泡开，滗出茶汤，只留少量余汁；温猪油滑开虾仁后暂时捞出，暗葱炝锅，再放回虾仁和带汁的茶叶抖动几下，迅速出锅。

清香甘美的龙井虾仁本是荤腥，但却全无半点油腻，而且若用鲜醇持久的狮峰龙井，并无翠绿夺目，只有片片微黄的芽叶点染于晶莹如玉的虾仁间，更显朴素幽雅，啜之淡然悠远。明前茶配明前虾，这就是西子湖之春。

要说起来，这道以"龙"命名的菜还真和龙有点瓜葛。相传那年清明，乾隆下江南微服私访，曾在龙井附近的一个村姑家避雨，喝了她家的龙井新茶后感觉甚好。雨过天晴，讨得一包茶叶离去。日暮时来到一家小店，点了道清炒虾仁，然后拿出茶叶让店小二泡来喝。不想，掏茶叶包时被店小二无意中瞥见便衣底下的龙袍一角，急忙报告正在炒菜的店主。店主听了一惊，竟把小二刚刚递过来的那包茶叶当成葱花撒进锅里，慌慌张张端了出来。不想乾隆还没吃菜，已闻到那独特的香气，眼前一亮，夹上一筷子入口。呀！甘香弥漫于齿颊，太和之气萦绕两腮，真是无味之至味呀！连连称赞："好菜！好菜！龙井虾仁！"从此名扬天下。

苏州碧螺虾仁的做法和这道菜类似。不过，产于太湖浩渺烟波中洞庭山上的碧螺春，芽叶更为细秀，是所有绿茶里最柔嫩之物，号称"一斤碧螺春，四万春树芽"。泡碧螺春时切忌用开水冲，而是要把茶撒在温热的水上，才能彰显出如兰似麝的吓煞人香。用碧螺春烹制虾仁时，手脚要更加麻利，若是做到了家，其鲜爽生津、回味绵长的口感比之龙井虾仁要更胜一筹。

龙井也好，碧螺也罢，都凝聚了山的精华；而鲜美的虾仁当然是水中的尤物。不管龙井虾仁还是碧螺虾仁，都凝聚了山的味道、水的味道。

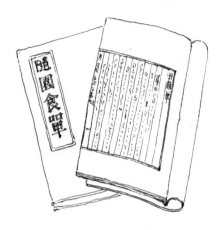

　　朋友给我讲过这么个故事：有个乡巴佬偶尔到城里的饭店吃饭，对服务员说："我要吃鸡。"服务员问："什么口味？香酥？黄焖？还是麻辣？"乡巴佬白瞪白瞪眼反问道："鸡就是鸡味儿，还分什么口味？"

　　仔细想想，可不是？我们自古以鸡为美味，不算用鸡汤、鸡汁调味的菜，仅仅以鸡为主料的菜恐怕就有千百种，什么酱香、熏烤、怪味儿……近年又流行西式炸鸡。可到底鸡是什么味儿，恐怕很多人早就忘了。而在《随园食单》里，羽族单的第一道菜就是充满鸡味儿的白片鸡，袁枚称："自是太羹、玄酒之味。"

　　白片鸡，就是现在说的白切鸡，做法虽简，却完好保留了上古国宴的遗风。上古祭祀时，把整头的牛、猪、羊放进鼎里煮熟，摆放在大盘子里，分别叫做太宰、中宰、少宰。撤下来的祭肉用刀片成薄片，分给臣子们蘸上酱料吃，就是割烹。现在煮整头牛、猪、羊都很少见了，少数常见的整煮就是白切鸡。鸡的吃法千百种，可若想吃出鸡味儿，莫过于白切鸡了。

　　做白切鸡首选海南的文昌鸡。至于怎么饲养才算正宗，历来说法不一。最有趣的是清代《岭南杂事诗钞》里写的："文昌县属有一种鸡，牝而若牡，味最美。盖割取雄鸡之肾，纳于雌鸡之腹，遂不生卵，亦不司晨，毛羽渐疏，异常肥嫩。以其法于他处试之，则不可，故曰文昌鸡。"不过这种阉鸡的方式似乎已经绝迹。通常的说法是，文昌鸡是海南文昌县潭牛镇一带大榕树下吃榕树籽长成的一种体形小而圆，脚胫细而短的鸡。

　　用文昌鸡做白切鸡的方法简洁精炼。把一锅加了盐、姜片、蒜头的水烧开，将处理干净的鸡身上涂上层薄薄的明油后完全浸泡进汤里。盖上锅盖，熄了火，让生鸡在沸水里烫上二十来分钟，烫熟了，捞出来晾凉，就完事了。吃的时候切块装盘，可以蘸酱油，口感鲜嫩柔弱，最能吃出鸡味儿。最好吃的又数鸡皮，嚼起来滑润爽脆；也可以蘸黄灯笼辣椒酱，鲜辣而不觉得呛。还可以把一种野生酸橘子挤榨出的汁滴在鸡肉上，不但解了油腻，而且吃起来酸甜中有一种异常的清鲜，不由得使人胃口大开，忍不住多吃几大块。

　　这种烫鸡的方式最大限度体现了"鸡味儿"，不过似乎仅限于正宗的文昌鸡。因为唯有这种鸡才皮薄骨酥，一烫就熟；若用其他的鸡，都必须经过熬煮才成。且其他鸡捞出来后还要在冷水中激一下，吃起来鸡皮才能脆爽；而文昌鸡不必用冷水激，鸡皮本来就够爽脆。

真味至纯。文昌鸡最好的吃法就是白切，若用什么油炸、麻辣、红烧等等方法烹调无疑是在糟蹋东西。白切鸡的最佳搭配当然是鸡油饭——就是用泡熟鸡的汤加在大米里焖成的饭。鸡油浸透了每一颗晶莹剔透的饭粒，直嚼得满口芳香油润，再就上蘸着甜酱油的鸡皮，绝了！若是用椰子水代替清水，吃起来还会有股淡淡的椰香。

白切鸡配鸡油饭的吃法源于海南、广东，后来传到东南亚一带被发扬光大，并被称做"海南鸡饭"得以盛行。

上海的白斩鸡与之十分接近，不过所用的是浦东产的三黄鸡。做好的白斩鸡身上还要涂抹上一层香油，既防止了鸡皮风干，又显得色泽金黄，浓香扑鼻，所以又叫"三黄油鸡"，多作为宴席上佐酒的冷荤小菜。

江南泽国深处，隐匿着一块璞玉。巷子里飘过淳朴的遗风，小桥下净水清流，刘禹锡在河边吟过诗，柳亚子在桥头赏过水，更有奇女子三毛，流连忘返于弯弯的河道旁……后来呀，陈逸飞一张《故乡的桥》让这里名扬四海，成了旅游名胜，小镇从此喧闹起来，这就是周庄——明初富可敌国的沈万三立业之地。

在周庄，沈万三可谓无处不在，不仅有沈厅、水底墓，还有抬眼便是的黄底红边的幌子——"万三蹄"。幌子下的玻璃橱窗里摆放着一排排浑圆硕大的猪肘子，个个酱红油润，尽显雍容富贵，真不愧是首富故里的看家菜。北方人说的肘子，在江南被称做"蹄髈"。而冠以万三之名，可就有故事了。

这道菜是当初朱元璋难为沈万三所出的题。朱元璋当了皇帝，整天琢磨如何把沈万三给办了。先是逼他限期捐修城墙，后又以答谢为名到沈家赴宴，见端上来整只煨蹄髈，故意问："给我吃的是什么呀？"看着热腾腾的猪蹄髈，沈万三打了个激灵：若是说出个"猪"字就暗示皇上自残骨肉，不敬的帽子就算扣上了，于是连忙答："这是万三蹄，臣的万三蹄！"朱元璋眼珠一转又说："那就切了吃吧！"他心想，你若是动刀一切，我就抓你个蓄意谋反。不想这蹄煨得肉酥骨不烂，沈万三竟从蹄膀里抽出那根细长的骨头，把个蹄髈切削成薄片，弄得皇上没脾气。从此，沈家是"家有筵席，必有酥蹄"，万三蹄成了沈厅的看家菜，也成了富足的象征。

再后来，沈万三让钱烧得发晕，竟提出捐资劳军，这让朱皇帝情何以堪，最终被流放云南，再也没能回到故乡周庄，只留下一座寂寞的沈厅，还有一碗余温未尽的万三蹄。

煨万三蹄要选肥瘦适中的猪前腿，得使特大号砂锅，加上酱油、冰糖、调料和周庄之水，经过数文数旺的火候轮流煨煮上一天一夜，直煨得肉酥、皮糯，但盛在碗里还是一个完整的蹄髈。因以酥烂取胜，有时候也称"酥蹄"。

记得十几年前第一次从上海辗转半日来到周庄，当时卖万三蹄的店铺还不很多。在据说是最正宗的沈厅饭店，我们等了半天才有了座位，尝到了大名鼎鼎的万三蹄。蹄髈烧得皮韧糯，肉酥嫩，不用咀嚼，一抿就烂，醇厚的咸香中带着微微的甜，那味道一记就是十几年。

几年后再到周庄只是匆匆一过。窄窄的巷子里游人摩肩接踵，巷子两旁到处都是卖万三蹄的卤菜店，家家宣称最正宗，而且可以帮客人装在抽真空袋子里带走。不过还是不放心，没敢尝试。

去年三到周庄时已是傍晚，游客出奇的少，夕阳撒在巷子里，把两旁古旧的店铺渲染上一层淡淡的橙色。偶尔一两个行人拖着长长的身影走在石板路上，给古巷平添了几分迷幻。寻到沈厅对面的那家饭店，招牌已改名"松鹤楼"，店堂里空荡荡的。选了个临水的位置坐下，点菜，不多时，大海碗里颤巍巍的整只万三蹄被端了上来。服务员小妹轻轻抽出那根细骨切碎蹄髈，顿时香气袅袅，真格是地道。迫不及待猛吃一口，肥处滑润，瘦处结实，还真有往日的味道。一边吃，一边随口问小妹："现在游客怎么这么少？""现在交通方便，到上海、苏州都很快。游客都是上午来下午走，不在镇上过夜的，不像前几年了。"小妹笑盈盈地上菜，脸上掠过一丝惆怅。

其实不必惆怅，周庄之美原本就不在喧嚣热闹，而在静寂淳朴——静寂得如水，淳朴得如一碗万三蹄。那才是厚味。

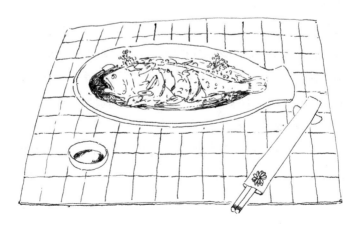

椒蕊黄鱼　　石首鱼　　大黄鱼　　小黄鱼　　金齑玉饭

　　第一个吃螃蟹的人是谁，恐怕没人说得清，但第一次吃黄鱼的人，却有着明确的记载。在晚唐陆广微所撰的《吴地记》里有这么个故事：公元前五〇五年，吴王阖闾和东夷交战于东海沙洲，忽然狂风大作，吴军断粮了。黑夜的海上没有月光，只有狂风怒号和无尽的恐怖。不安笼罩了吴军。阖闾焚香祈求上苍庇护，猛一抬头，忽见远处一片金光闪烁，波涛中大群大群金黄色的鱼汹涌而来。阖闾赶紧令人捕捞来给将士们烧了充饥。真美味！于是士气大振，一举打败夷人。可这鱼叫什么呢？阖闾想了想，看着从鱼头中吃出的两块雪白色小石子，就叫成了石首鱼。按现在的说法，这就是黄鱼了。

　　从现代生物学观点看，黄鱼只是石首鱼科六十七个属中的一个。有意思的是，黄鱼没殷红的鱼血。明代的冯时可在《雨航杂录》中说："诸鱼有血，石首独无血，僧人谓之菩萨鱼，至有斋食而啖者。"至于鱼头里的那两枚小石子，又叫鱼脑石，是用来保持身体平衡的。

　　通常说的大黄鱼和小黄鱼其实并非同种。大黄鱼也叫"大王鱼"，产于长江口以南的辽阔海域。小黄鱼主要产在渤海、黄海和东海长江口以北一带，通常所说的黄花鱼特指小黄鱼。区别大、小黄鱼很容易，大黄鱼个头大，长成后有一尺多长，其鳞片小而细密；小黄鱼个头小，最大也就一尺来长，鳞片圆大而稀疏。最显著的是，大黄鱼有二十五到二十七枚椎骨，而小黄鱼的椎骨多达二十八到三十枚，一数就知道了。

大、小黄鱼的做法一般差不多，或糖醋，或红烧，或抓炒，或醋烹，都可以。也有各种特殊的做法，比如大黄鱼可以做成松鼠黄鱼，若是和莼菜熬羹，就称为"金羹玉饭"。比较而言，小黄鱼的肉更为细嫩鲜美，其最地道的做法莫过椒蕊黄鱼了。

小黄鱼的汛期在清明、谷雨。经过一冬的蛰伏，鱼的排卵期将至未至，身体里积蓄了大量养分，最为肥嫩。而所谓椒蕊，就是早春刚刚绽吐的花椒树的鲜嫩芽叶。用鲜翠的椒蕊烹饪鲜嫩的黄花鱼，怎一个鲜字了得！不过这个做法不太适合大黄鱼。大黄鱼的汛期在两个月后的端午节前后，那时花椒叶子已经长大，而不能称为"蕊"了。

吃鱼最讲新鲜。不过黄花鱼离水便死，不太容易吃到活的，要图新鲜务必应时现买。每当第一声春雷响时，就是吃椒蕊黄鱼最好的时候了。这时候的小黄鱼鳞色金黄，鲜嫩得惊人，两条黄花鱼正好一盘。

收拾黄花鱼和其他鱼不同，不能开膛破肚。因为黄花鱼是蒜瓣肉，而且细嫩异常，若是开膛破肚，烹制起来非常易碎。用一双筷子插进鱼嘴里一搅，托出所有内脏，然后再除去腮和鳞，洗净控干，外面打上一字花刀，用鲜酱油和料酒略微腌制，片刻就成。

收拾好后，在鱼腹中插入一根大葱，扑上干淀粉，涂匀蛋液，热锅温油略微煎煎，待到鱼身发挺，两面金黄，捞出来放在盘里，码上葱丝、姜丝，还可以加些冬笋丝和清酱肉丝。别忘了，一定要撒上一把现摘的鲜嫩的椒蕊，上笼屉用旺火蒸上十来分钟，鱼刚好熟透，而那淡淡微麻的椒鲜已经尽数渗入活泛的蒜瓣肉里，烘托出鱼的绝美。吃的时候，要是再蘸上些滴了香油的姜醋汁，椒鲜鱼美浑然一体，味道愈发芳醇，简直赛过螃蟹。

俗话说："上有天堂，下有苏杭。"可您是否想过，为什么"苏"在前而"杭"在后呢？根据陆文夫在小说《美食家》里的解释，是因为苏州的美味比杭州多。

鱼米之乡的苏州自古饮食发达。早在春秋时代吴国就以"全鱼炙"而闻名天下，以至于公子姬光请到勇士专诸在太湖边上向名庖太和公学做鱼炙，并且专诸凭着这个手艺上演了"鱼肠剑专诸刺王僚"的传奇而永载史册。有人说当时专诸所做正是现在的苏州名菜"松鼠鳜鱼"，我觉得有些牵强。且不说没有明确记载，单凭植物油的榨取技术出现于汉代这一点就足以质疑，何况"炙"的意思是烤而非炸。

苏州菜以甜见长，是"南甜、北咸、东辣、西酸"中南甜的代表。这道松鼠鳜鱼每一丝鱼肉里都浸透了浓腴鲜甜，可谓苏州菜的典范。善于烹饪这道菜的餐厅首推苏州观前街的松鹤楼。这里有一段与乾隆皇帝下江南有关的传说，苏州评弹里至今保留着"乾隆大闹松鹤楼"的段子。

话说乾隆第四次下江南时曾化名高天赐来到松鹤楼，看见神台上欢蹦乱跳的大鲤鱼，就想捉出来烧着吃。无奈这鱼属敬神"祭品",按当地风俗是不能用来烧了吃的。这可怎么办?店里有个高明的厨子急中生智,把鱼取出来,将鱼头雕刻成松鼠头似的,再剔除鱼骨把肉翻过来,运用精湛的刀工割划得错落有致,之后过油炸得色泽金黄油亮,宛如松鼠的毛皮。盘里的鱼,口微张,身轻翘,肉挓挲,活脱一只缓步昂首的翻毛大松鼠。菜端上来,趁热浇盖上调制好的糖醋芡汁,那吱吱的响声,就像松鼠的欢叫声。乾隆吃得高兴,对这道外脆里嫩、鲜甜适口的珍馐大加赞赏。从此松鼠鱼就成为松鹤楼的看家菜,而且还合了餐厅招牌里的"松"字,真是妙不可言。后来这道菜被不断改进,渐渐地换成了肉质更细嫩、味道更鲜美的鳜鱼。

松鼠鱼已成为一种烹鱼工艺,讲究刀工火候,一般人很少能做。做这道菜也不一定非鳜鱼不可,可用鲤鱼、黄鱼、草鱼、黑鱼等等。清代中期成书的《调鼎集》中还有用季鱼做松鼠鱼的记载:"取季鱼,肚皮去骨,拖蛋黄,炸黄,作松鼠式。"不过最经典的做法当属用鲜活的鳜鱼做的松鼠鳜鱼。

鳜鱼是纯中国特产的名贵淡水鱼,有的地方叫花鲫鱼,外国人也把它叫中华鱼。这种鱼是吃小鱼小虾米的,所以肉质特别鲜嫩,而且肉厚,刺少。吃鳜鱼的最佳时节是在桃花盛开时，清明的鱼好比明前茶，最肥润鲜美。那句著名的唐诗"西塞山前白鹭飞，桃花流水鳜鱼肥"说的就是这回事儿。中国的各大菜系中几乎都有鳜鱼，可若论知名度，还得说是苏菜里这道刀工精湛炫目、形态生动活泼、色彩红艳夺目的松鼠鳜鱼更胜一筹。

我曾特意去苏州观前街的松鹤楼尝过这道菜，鱼肴入口，外面定型的焦壳迎齿而散，中间的鱼肉酸甜鲜韧，那微妙的齿感让人松快。盘子里红润鲜艳的鱼边上，还配着一串水灵灵的绿葡萄，红绿相映，更加靓丽。鱼吃多了未免肥浓甜腻，就上两颗酸爽的葡萄，瞬间浓淡变幻，嘴里也格外透着利落。

草鱼虽是很普通的鱼，但也能做出极有名的菜，那就是大名鼎鼎的西湖醋鱼。

记得十多年前第一次去杭州，在楼外楼点了条西湖醋鱼。刚上菜，就被那古朴而灵动的形态惊呆了。但见棕红的芡汁浇淋在青黑的草鱼背上，显得那么透亮，那么温润。缓缓滑泻的芡汁充盈了整个鱼盘，融成一块硕大的琥珀。琥珀下包裹的鱼儿活脱欲出——圆瞪着眼，挓挲着鳍，分明是刚刚还在水里遨游翻腾，可巧一颗巨大的胶脂滴落水上，鱼儿不小心镶嵌于其中，造就了这件绝妙的艺术品。那溅起的点点水花，竟演变成了琥珀上嫩黄的姜末。用筷子挑上一点滑润的芡汁，竟能拉出晶莹的丝来。仔细咂摸咂摸，酸里透爽，鲜中含香，微微的姜辣后面缥缈着清甘。赶忙夹起一块嫩白的鱼肉放进嘴里。呀！这哪是鱼肉，分明是一大块螃蟹腿肉！虽说是大肉大鱼，吃到最后竟然丝毫不腻。于是被这酸、甘、鲜、嫩凝练成的美妙所征服，决心一定把它变成自己的拿手菜。

后来回到家中，比照各种菜谱做过十几条鱼，渐渐模仿得有些模样了:鱼当然要鲜活的，按照菜谱上说的旺火烧开后用小火煮三四分钟，见划水鳍竖立起来就赶紧捞出来。氽鱼的汤里加进酱油、白糖、姜丝自不必说，甚至还专门选用镇江香醋，而且是买了藕粉勾的芡。不过勾出来的芡汁总是乌里乌涂的，不漂亮不说，怎么也做不出那清甘的口感，鱼的味道也逊色许多，总带着微微的土腥气，真是百思不得其解。

若干年后再到杭州，跟当地人请教其中的奥秘，答案竟如一张窗户纸——你必须用西湖的藕粉勾芡才成，别的地方的藕粉哪能那么透亮，又哪里来的清甘？再有那鱼，也只有西湖里的草鱼在西湖水里饿养上三天，才能除尽土腥，煮出光滑软嫩的螃蟹味。要不怎么叫西湖醋鱼？

于是买了几大包西湖藕粉带回家，作为烹调西湖醋鱼的秘密武器。还甭说，勾出的芡汁就是不一样——真的像在杭州所吃的那么晶莹透亮，那么清甘爽润。当然，鱼还是没有杭州的味道——那带着淡淡蟹味，是不可复制的鲜。

杭州菜就是这样，不但讲求时鲜，而且非常强调原料的产地。比如笋，必要选用天目山的毛竹嫩笋；藕，必要使西湖里现采的嫩藕；甚至做上一碗片儿川所用的雪菜，也讲究是用当地产的才好。灵秀的山水造就了杭州菜的独特清鲜，

同时也让自然天成的杭州菜不可复制，这或许也就是八大菜
系里并没有杭州菜的缘由吧？

　　前些日子，在北京王府井附近的一个茶学院给学员们讲美
食，有学员问："在北京哪里能吃到地道的苏杭菜？"我想了想
说："苏菜有，但杭州菜我不知道，也很难有。离开了凤凰岭
下西子湖畔的一方水土，杭州菜怕是不称其为杭州菜了。这
就像龙井茶，用其他地方产的茶叶也能炒成龙井茶的样子，
不过怎么也炒不出龙井茶的气息。要不怎么叫龙井茶呢？茶
叶可以运来，现做的菜可怎么运？所以，想吃西湖醋鱼，还
是去杭州吧！"

银鱼莼菜羹

莼菜汤

西晋，在齐王手下为官的张翰感受到洛阳城秋风乍起，忽然思念起江南故乡的美味。"家乡的莼菜羹正是可口的时候吧！鲈鱼脍也必是丰美滋润了。"回味着莼菜的滋味，张翰心头一振，不禁感慨："唉！人生贵在舒服自在。故乡令我如此眷恋，又何必千里迢迢在这当个受约束的小官，争些个无聊的名分呢？"想到这里竟转身回府，毅然辞官，回到故乡终日享受令他魂牵梦萦的鲈鱼脍和莼菜羹了。

江南才俊，洒脱随性，正如李白在《行路难》中所咏："君不见，吴中张翰称达生，秋风忽忆江东行。且乐生前一杯酒，何须身后千载名！""莼羹鲈脍"因而传为千古美谈，成了比喻思乡的成语，还衍化出了"莼鲈之思"、"脍美莼香"、"莼鲈秋风"等等词汇。

人们思念故乡，往往首先想起故乡令人牵肠挂肚的美味，而那美味又只在故乡有，所以常常分不清牵肠挂肚的究竟是美味，还是故乡。

清清淡淡的莼菜，虽说本身没什么味道，然而煮汤调羹，那如丝如绸的口感却饱含了明快的诗意，滑爽至极，以至于不能叫吃，只能是喝，即便是第一次喝到的人也会莫名地感动。

　　用鲈鱼肉调成的莼菜羹据说有，不过我没有尝过。我只在苏州喝到过用太湖银鱼调的银鱼莼菜羹。轻灵透明的羹汤用藕粉勾了薄薄的玻璃芡，丝丝缕缕雪白的蛋清花悬浮其间，条条银鱼晶莹纤柔，栩栩如生般地穿梭在蛋花里。一簇浓绿的莼菜漂散在羹汁上，像是片片袖珍的荷叶，或伸展，或卷曲，让那一小盆汤汁雅致得宛如盆景，又像是水墨画。

　　想要用筷子夹起一片莼菜几乎不可能，因为实在太润太滑，即使用小汤匙舀上一勺，想舀上几片叶子也不容易。看来，享受这尤物的最好方式就是用大勺子盛到小碗里，把嘴唇贴在碗边上轻轻吸吮了。

　　棕绿色的莼菜鲜滑细润，裹着银鱼穿越喉咙时那微妙的感觉犹如轻纱滑过，食者的心绪也犹如云卷云舒般荡漾飘逸。不觉间羹汁已然无影无踪，唯有几片精薄的莼叶挂在牙缝里，轻轻咀嚼，竟然是咯吱吱的脆生，清香悠远，回味不尽。

　　杭州西湖楼外楼的莼菜也久负盛名，不过并不调成羹，而是加些火腿丝、鸡脯丝和小虾仁熬成一盆清泠泠的莼菜汤。淡淡的汤里荡漾着一小片一小片翠绿的小荷叶，看上去怡情养眼，展现出莼菜清丽溽滑的本性。若是仔细观察，还能看到那纤细的椭圆形小叶子背后有一层亮晶晶的明胶。这或许就是它滑润至极的原因吧！往往吸溜上一口，还没咂摸出滋味就溜进了嗓子眼。这种独特的感受让无数食客心旷神怡，以至于当年乾隆皇帝喝过莼菜汤后不禁诗兴大发，当场咏叹："花满苏堤柳满烟，采莼时值艳阳天。"一扫古人的悲秋伤怀，赋予了莼菜清丽明快。

同一道菜，不同的人体验出不同的韵味。我觉得，莼菜的滋味一如初夏身披缥缈长纱的少女迎着微风而立，任裙衫飘舞，柔发飞扬。

罾蹦鲤鱼

前些日子去天津，吃到一条很有意思的鱼，大号叫"罾蹦鲤鱼"。这鱼的做法和名字一样生古，一般人绝想不到。它是把鲜活的鲤鱼拾掇好了——慢，拾掇可是拾掇，但不能去鳞，就那么整条鱼带着鳞下到一锅滚烫的热油里炸呀炸，直炸到鳞骨皆酥，头尾俏式，浇上糖醋汁儿装盘上桌，真个是油亮骨力、金光闪闪，看得人心里喜欢。带着那层炸透了的鱼鳞嚼上一大块，焦酥脆韧的鳞片迎牙即裂，还略微带些弹牙的活泛劲儿，加上它大酸大甜的鲜明口味，那感觉拿天津话说，叫"没治了！"

也许您不认得"罾"这个字，可备不住您在江南的河湖岸边还真见过它。罾是一种网，就是那种用两根竹竿交叉开，底下撑开一张四角见方、四边带纲、中间像锅底凹下去的大渔网。另使一根粗竹竿子斜戳在岸上把它架起来。每到夜晚，渔人就在罾底撒上鱼饵，静静候着，约莫工夫差不多了，扳罾，收鱼。离开水面的瞬间，大鱼小鱼带着野性在罾底扑棱棱乱蹦，两头翘起，充满力道，直看得渔人心里乐开了花。罾蹦鲤鱼或许就是来源于罾起罾落间群鱼欢蹦的形态吧？

这道菜的奇妙之处不光是鱼的形态，更在于那层没去的鱼鳞。吃鱼，一般是要去鳞的，特别是北方人吃鱼更是要去鳞。北方产的鱼鳞片厚实挺硬。不管是炖是煮都咬不动，不去鳞根本没法吃，就比如鲤鱼。

不去鳞而好吃的鱼倒是也有，可那是在江南。明末散文家张岱的《夜航船》里就写道："鲥鱼一名箭鱼。腹下细骨如箭镞，此东坡有'鲥鱼多骨之恨'也。其味美在皮鳞之交，故食不去鳞。"鲥鱼自古就是江南水中珍品，刺多鳞细，肉质松嫩。吃鲥鱼只宜清蒸，若是煮了，鲜韧就大打折扣。鲥鱼从来很贵，况且那至鲜之味正是在"皮鳞之交"，好不容易得着一条，谁还舍得去鳞？所以《随园食单》上说："鱼皆去鳞，惟鲥鱼不去。"

这道矕蹦鲤鱼，偏偏带鳞而食。不知袁枚见到会作何感想？我是觉得，它带着典型的江南痕迹。它那大酸大甜的口味，把一整条大鱼放进一大锅滚油里炸得酥脆的手法，也都是出自富足的姑苏城。您不觉得它和名菜松鼠鳜鱼有点联相吗？而那酥脆的鳞骨与柔嫩的鱼肉激荡在唇齿之间，撩动着每一粒味蕾，比松鼠鳜鱼更让人感觉惊艳，可以说是姑苏鱼肴的升华版。

　　这姑苏城的鱼肴怎么来到天津的呢？道理很简单，它是顺着大运河传过来的。想当初，不知有多少人乘着大运河上的夜航船，一路苦旅从江南水乡北上，停泊在天津的三岔口小憩，自然也就留下了这条带着鳞片吃的鱼。鳞，就是江南人的家乡味。罾，就是江南人的家乡梦。然而这里找不到鲜美的鲥鱼，那也没关系，就入乡随俗改用大鲤鱼好了。况且，最初姑苏城里的松鼠鱼用的也是鲤鱼。于是就有了这道南北融合、糖醋口味的罾蹦鲤鱼。

　　一条金灿灿的鱼，头尾连接着天津卫与姑苏城，隐匿着大运河多少故事。

　　至于八国联军闹着要吃"青虾炸蹦两吃"，说不利落说成了"罾蹦鱼"的说法，我觉得只是人为编出来的噱头，您就一听。

酸
汤
鱼

　　眼下各地餐厅里流行的酸汤鱼，应该是来自贵州的土菜。

　　贵州人嗜酸如命，号称是"三天不吃酸，走路打蹿蹿"。这种食俗起初是因为当地缺盐，酸就成了盐的替代品。贵州不产盐，古时候当地人吃的盐全来自三峡地区的巴国，所以把盐叫成"盐巴"。金贵的盐巴是同样金贵的谷米沿川黔古道千里迢迢换来的，再由镇远府分运到大山深处。有钱人把盐巴团成个鸡蛋大的疙瘩在锅边上擦一擦省着用。穷苦人要是也想吃出点滋味来只好另想办法，慢慢地，以酸补盐就成了风俗。明代郭子章的《黔记》里说，制作醋物的方法是把荞灰和高粱粥酿成酸汁兑进鱼和肉里，贮进坛子腌泡。或许这就是酸汤鱼的前身了。

　　酸汤鱼离不开酸汤。最早的酸汤是白酸，也就是淘米水或是煮饭剩下的米汤发酵做的酸。要是用带黏性的糯米酿出酸来味道就更好了。白酸汤色泽乳白，像腌泡菜的汤汁那样清香爽利，劳作之后喝上一口，暑湿焖燥顿时消散。有人就用它来熬菜煮鱼吃，也有人觉得还酸得不过瘾。

　　后来，番茄不知怎么传进了贵州，而且是那种没有改良过的原始番茄，又小又酸，生吃倒牙。当地人发现拿它酿酸汤倒是不错，就晾干了塞泡菜坛子，加上一点点盐，撒上酒糟压瓷实，周围用水封严，半个月后开坛，果肉上已经泛起了一汪艳红的汤汁，闻一闻，浓重的酸香里混着酵香、酒香和果香，这就是开胃的红酸汤。

做酸汤鱼的酸通常是白酸和红酸按一定的比例勾兑成的，这样才能酸出层次。还有人嫌这仍然不够刺激，就又加进了糟辣椒酿的糟辣酸，直吃到肠胃里翻江倒海方才罢休。

酸汤鱼的迷人之处并不只在于酸，更在于汤里加了一种独门调料——号称"味之山妖"的木姜子。木姜子树只生长在山林之中，平原地区绝少见到。木姜子的果实是一簇簇翠绿的小豆子，散发着樟科植物刺激的香辛气，闻着像柠檬，吃起来麻舌头，做酸汤鱼的时候择十几粒鲜木姜子撒进去，酸里裹着沁人的芳香，瞬时从味蕾串透全身，连头皮上的神经都顿时兴奋起来。那魔幻般的味道勾着人不停嘴地吃下去。

贵州那地方常年潮湿，瘴气弥漫，辣椒传入之前幸亏有了木姜子避湿发汗。这种小果子原本是直接吃的，只可惜它果期短，不易保持，晾干之后又没了那种撩人的香气。大山之外的人很少有尝鲜的口福。后来人们用鲜果榨出了木姜子油，虽说吃起来没有鲜果口感丰富，却能让千万里之外的人也能体验到木姜子的神奇味道。加了木姜子油的酸汤鱼也就有了独领风骚的底气。

最后说说鱼。做酸汤鱼的鱼最好就是稻田里放养的禾花鱼，这种鱼乌黑发亮，柔软的鳞皮飘着禾香。当地人就在稻田边上支起大锅煮上酸汤，撒进木姜子，就手捞出两尾禾花鱼处理干净扔进锅里，等到汤沸腾翻滚，捞出煮得皮开肉绽浸足酸香、酵香和木姜子香的鱼块，连肉带鳞一起嚼了，这才是酸汤鱼的本味。禾花鱼其实就是一种鲤鱼，在酸汤里越煮肉质越滑嫩，如果换成鲈鱼、鳜鱼在酸汤里泡时间长了肉质反而发柴。

以酸代盐的吃法古代就有，只是唐代以后中原不多见了，现存的遗俗只有日本的梅子饭。番茄和辣椒都是美洲的舶来品，不知经过怎么的曲折钻进了贵州的大山深处落地生根，融入了土菜酸菜鱼，又因为结合了味之山妖木姜子而形成了自己独特的风味，最终冲出大山，自立门户，成为都市宴席上一道令众食客神魂颠倒的主菜。个中滋味，意韵深长。

眼下不少川菜馆子流行一道横菜，叫"东坡肘子"。一只大肘子连皮带骨囫囵个儿盛在汤盆里，浇着油润的汤汁，看上去色如琥珀，吃起来味鲜肉润，嚼上一块肘子皮，柔韧弹牙，再蘸上鲜艳的红油，那可真是越嚼越香，越嚼越带劲。有人说吃肘子皮可以养颜美容，得了这把尚方剑，即便是把"减肥"当作口头禅的小妹妹也不必强忍肘子的诱惑，自可以理直气壮大吃一通了。

若论起这东坡肘子与苏东坡的缘分，您可千万别以为是网上说的有个老农为给苏东坡解馋发明的。即使查遍了所有与苏东坡有关的文献，您只能找到东坡肉，而找不到东坡肘子。东坡肉和东坡肘子原本是两码事。

东坡肉是杭州菜，甜口儿。东坡肘子是川菜，口味浓香，带着微辣。东坡肉吃的是颤巍巍的肉，品的是用嘴一抿就能化了的酥烂劲儿。东坡肘子吃的是皮，感受的是皮的筋道劲儿，是那种独特的软韧弹牙的胶性。

从做法上讲，并不是用做东坡肉的方法做肘子就成了东坡肘子。东坡肉是过油炸的，为的是把皮炸紧衬了让肉整齐漂亮。地道的东坡肘子只能炖，不能过油炸。道理很简单，肘子皮厚，若是炸了，稍微一凉嚼起来就跟牛皮筋似的了。看来，东坡肘子还真有些与众不同。

那什么样的东坡肘子才算正宗呢？

首先，炖东坡肘子讲究用成都温江特产的酱油，在当地也叫窝油或是滴窝油，最好是老店"全盛号"的，那才叫香气浓郁、质浓味淳。当然，作为川菜怎么能离了郫县豆瓣？东坡肘子特有的鲜辣就来源于此。炖的时候还得加上花椒粉和与冰糖熬的汁，特别是加上汶川特产的雪山黄豆，这么炖出的汤汁怎能不浓厚鲜香？这还不是做东坡肘子的全部要领。这道菜的真正诀窍在于，它是和整鸡一起炖出来的，而且一炖不是一只肘子，而是上百只肘子。鸡也不是一只鸡，而是几十只鸡。说白了，就是鸡汤炖肘子。您想，那能不香吗？

不知您注意没有，炒菜是小锅比大锅的香。唯独炖大肉炖大肘子，是大锅比小锅的香。或许因为大锅炖火力匀，工夫长？反正是就那么炖呀炖，直到把汤炖得浓而不黏，肘子炖得晶莹柔嫩。捞到汤盆里，浇上琥珀一般流动的原汁，一道横菜大功告成。您就甩开腮帮子过足瘾吧！

吃东坡肘子还有个绝配，可不是什么素菜，而且是淋上鲜亮红油、撒上翠绿香葱的凉拌鸡块。肘子肥，鸡块瘦；肘

子白润，鸡块红亮;肘子醇厚可以下饭，鸡块麻辣可以佐酒;
一大，一小，风味鲜明，相映成味。这种吃法正是来自于当
初发明出这道名菜的成都名店"味之腴"。那家店，应该是
20 世纪 40 年代开在成都守东大街的。当时的几位股东里有
个四川大学中文系的高材生，他从班固的名句"委命共己，
味道之腴"中化出这个店名来，又从《苏东坡字帖》上集了
老乡苏东坡写的这三个字刻了块匾，请了老家温江厨师刘均
林创了这道看家大菜，又假借了苏东坡的名号当幌子，命名
为"东坡肘子"。

　　好吃的美味自己长着翅膀。如今，味之腴早已烟消云散
不知所终，而这道霸气的东坡肘子却几乎味满天下了。

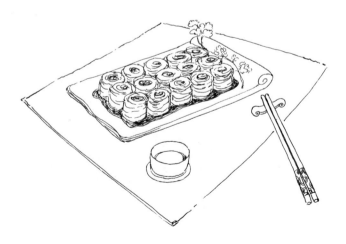

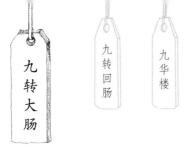

一般说来，猪下水属市井粗食，上不得席面。特别是大肠，火候不足则牛皮筋似的嚼不烂，火候过了又没了嚼头，更谈不上形状；拾掇不干净有一股子脏臭气，可真要拾掇太干净了，嚼起来跟橡皮圈似的也没什么吃头。别看这材料不起眼儿，还挺难伺候。

可凡事都有例外，鲁菜里有一道曾在餐桌上抢尽风头的老菜叫"九转大肠"，不仅上得了大席，还是检验厨师手艺的标准。

烹制九转大肠用料齐全、工序烦琐。通常的烧法是先煮，再炸，最后烧，出勺入锅反复数次直煨到酥烂。但原本肌质丰腴的大肠过油一炸，未免有些腻了，所以名厨不是这么个烧法。

名厨做这道菜是不过油的。大致的方法是：准备材料的时候先把生肠子翻过来涮一涮后用开水略余，捞出来撒上米醋和盐搓洗肠衣上的黏质，再用清水冲干净。之后翻过大肠头，把脏东西择了去。洗的时候那层肠油是要保留些的，若是太干净了，烧出来也就没有了大肠特有的香味儿。

下一步，煮大肠，要用旺火煮上四五个钟头才能保证嚼之即化而不挂牙。煮好的肠子切成半寸多长的段，还要再用开水氽烫才能显得饱满漂亮。烧的时候先炒糖色，直炒到棕红透亮，细泡冒尽之时加上葱、姜、酱油等等诸多调料，下大肠段煸炒，再浇上清汤慢慢煨着。直煨到汤将收尽，赶紧下砂仁、肉桂面，迅速掂勺，撒上蒜末和烧热的花椒油立马出锅，盘绕整齐码放在盘子里，像是一个个粗粗壮壮、色泽红润的小鼓墩儿。点缀上碧绿的香菜末，一盘汁明油亮、浓香扑鼻的九转大肠才算烧成。往桌上一摆，顿时香飘满室，撩动得食客们味蕾绽放，两腮生津，怎能不频频下箸？

九转大肠虽味重多油，嚼起来却有一种由弹性和阻力带来的独特愉悦。滋味浓郁醇厚而不失酥韧利落，其味道更是甜、酸、苦、辣、咸、鲜、香层出不穷。至于怎么个"九转"法，有人说是做这道菜需要九道工序，有人说是盘绕在盘子里的大肠转了九个圈，还有人说是因为这道菜滋味丰富之极，七滋八味已不能涵盖……似乎都有些道理。不过靠谱的说法是，当初发明这道菜的济南九华楼杜老板原本喜欢个"九"字，一位食客吃了他家酥烂适口的红烧大肠后觉得口味独到，不由赞誉道:能把大肠烧到这个份儿上真是功力非凡,简直堪比《西游记》里太上老君炼就九转仙丹了。老板听后灵机一动,就把菜名改成九转大肠了。

据说烧九转大肠的最高境界是调汁的时候不加糖而用九种不同的蜂蜜。咀嚼起来甜浓之余满口溢香,却甜而不腻——一嚼是香幽的枣花香,再嚼是优雅的槐花香,细细分辨,怎么又变成了恬淡的荷花香……滋味繁复,变幻莫测,又岂止九重?

这道菜还有更为精细考究的烧法,是在外层炸得酥脆的大肠里套进滑嫩鲜润的小肠。当然,也就不叫九转大肠而称为"九转回肠"了,是以一肠而九回转,千般滋味尽在其中。

发明九转大肠的九华楼是座不大的砖石结构小楼,就在济南市后宰门街东首连接县西巷的拐角处,从光绪年间一直挺立到二〇〇二年十二月底。它繁华过,冷清过,被人遗忘过,最终在迎接新年的气氛中被无声无息地拆除了。而这道令多少人荡气回肠的名菜,也在低油低脂的呼声中渐渐隐匿于灯火阑珊处。

二〇〇四年七月二十三日，新华社发布了一条有关驻伊拉克多国部队的新闻，题目是"伊拉克中餐馆生意红火，美军爱中餐"，还特意配了张一名上尉津津有味享用"宫保鸡丁"的大照片。的确，宫保鸡丁在欧美相当知名，简直成了中国菜的代名词，这恐怕是它的发明者丁宝桢万万想不到的。

丁宝桢，就是那个杀安德海的山东巡抚。他不仅是忠臣，同时还是吃主儿，在山东时就酷爱吃当地名菜酱爆鸡丁。光绪二年调任四川总督之后，也把这个癖好带到了成都。当时吃辣椒之风在四川刚刚盛行，豆瓣辣酱更是新鲜。丁大人入乡随俗，把酱爆鸡丁的面酱改成了豆瓣辣酱，还用时髦的辣椒之辣代替了传统的大葱之辣，并且加进了花椒和花生米。不想，火辣的辣椒和香脆的花生裹挟着鲜嫩的鸡丁，产生出一种全新而变幻丰富的口味，让这道菜在丁大人的家宴上抢尽风头。因为丁宝桢在同治年间被加封为太子少保，尊称"丁宫保"，这种改良的酱爆鸡丁也就被叫成了"宫保鸡丁"，日久天长名扬天下。至于后来有些餐厅写成"宫爆鸡丁"，则是以讹传讹了。

也有一说，丁宝桢是贵州人，所以宫保鸡丁算是贵州菜。

这其实混淆了黔味宫保鸡和四川宫保鸡丁的差别。虽只几字之差，却是两道不同的菜。黔味宫保鸡用的辅料是糍粑辣椒、甜面酱、切成马耳朵形的蒜苗和香葱节；而宫保鸡丁用的是干辣椒、干花椒、郫县豆瓣和花生米。再者，黔味宫保鸡可以是鸡片、鸡块、鸡条，而宫保鸡丁必是鸡丁。最关键的，黔味宫保鸡是棕红色，辣酱味浓厚，多辣酱皮；而宫保鸡丁色泽红亮、脆嫩酸甜，传统上是麻辣味的。

菜无定法，在传播过程中口味发生变化很正常。就比如北京的宫保鸡丁口味小甜酸，微微有些麻辣，有个术语叫做"小荔枝口"。说起个中原委，不能不聊聊梅兰芳和新中国成立后北京第一家川菜馆子——峨嵋酒家的渊源。

峨嵋酒家开业于解放初期，当时离长安大戏院不远。梅先生唱完戏后特意过来品尝。祖籍江苏的梅先生口味清淡，而且为了保护嗓子也不能吃得太刺激。考虑到他的特殊需求，厨师专门对这道菜进行了改革——既不失川菜特有的麻辣，又兼备江南菜的甜酸，而且选的原料特别讲究，用的不是通常的鸡胸脯，而是带皮的小公鸡腿，爆出的鸡丁松散利落，质嫩弹牙，而且是只见红油不见汁。梅先生尝了尝，先是感觉甜酸，再嚼起来鲜咸，品一品，香辣里带着些椒麻，可谓是五味迭出，但味道多而不乱，精准鲜明。梅先生不禁大为赞叹，以致后来经常专门过来吃这道宫保鸡丁，吃完了还要装到饭盒里带回家去。那时峨嵋酒家条件简陋，梅兰芳这么大的名角儿经常光顾，酒家的伙计总觉得有些"对不住"。梅先生知道后笑了笑，诚恳地说："我是来吃菜的，又不吃桌子、凳子腿的。"

　　十年之后，梅大师再一次来到这里，品尝了宫保鸡丁之后意犹未尽，挥笔题写了"峨嵋灵秀落杯盏，醉饱人人意未澜"，而这里的菜也被大师誉为"峨嵋派川菜"，并从此声名远扬。直到今天，您来到峨嵋酒家，仍然会看到梅兰芳亲笔题写的店名，品尝到这道有着太多故事的看家菜。

苏州的夏季是闷热的。如果您夏天来到苏州，吃点什么菜？当然是西瓜鸡！这道菜曾经风靡苏州城半个多世纪。陆文夫小说《美食家》里，主人公朱自冶在一九六〇年困难时期饿得前心贴后心，推小板车拉南瓜的路上还念念不忘摆放在碧绿清凉的鲜荷叶上那只雕着花纹的圆滚滚的西瓜盅，因为那盅里有只用气锅蒸透再放进西瓜里回蒸的鲜嫩肥鸡。

西瓜鸡称得上是地道的苏帮菜，可知道的人却并不很多。这道菜只在夏天有，其他季节是看不见的，而且做起来时间长得很。西瓜必须现切现雕，鸡当然也要现蒸现吃。这道菜不能存放，更没办法带走。

那么去哪里吃这道菜呢？就在观前街咫尺之遥的小小得月楼呀！别听名号小小，名气却是大大的。说远些，创建于明代嘉靖年间的得月楼曾被下江南的乾隆皇帝赐名"天下第一食府"；说近了，半个世纪来大陆拍摄的三部以美食为题材的电影都取材于这里：六十年代的《满意不满意》、八十年代的《小小得月楼》，再有就是改编自陆文夫巅峰之作的同名电影《美食家》。

去年夏天，我慕名来到小小得月楼，在菜单上翻来找去，却怎么也没见到西瓜鸡的身影。于是问服务员："你家有西瓜鸡吗？""有的。只是要多等些。"没关系，为了尝到地道的苏帮菜，咱们等。

真是过了好一阵子，一个四五斤重、雕刻着虎丘剑池的椭圆大西瓜垫着玻璃托盘端了上来。拎起瓜藤，打开犬牙交错的瓜盖，淡淡的清香顿时扑鼻而来，真格让人垂涎欲滴。看那西瓜盅里汤色澄澈透亮，上面漂浮着几朵晶莹闪亮的油花，汤里浸泡着乳黄色的大块嫩鸡，还有几根小梯子似的笋丝，翠绿的瓜皮里那一圈嫩红色半寸多宽的瓜肉衬托着，显得更加甘醇鲜爽。浅尝一口那汤，杀口挂嗓，清鲜中带着微微的瓜甜，悠长中透着淡雅的鲜爽；再夹起一块鲜香的鸡肉，酥烂软嫩，却形状完整，滑润里透着活泛劲儿。品汤吃鸡，唇齿的况味正仿佛漫步于姑苏小巷里竹木掩映的粉墙黛瓦之间，朴素里透着清雅；又像是聆听那轻清吴侬软语，柔润中蕴藏了无穷韵味。

各地吃鸡的方法很多，或煎，或烹，或油炸，真正能吃出鸡味儿的反倒很少。做这道西瓜鸡，先在炭火上把加了鲜笋和清汤的母鸡煨至将烂，再把鸡和汤倒入去了瓤的西瓜里共蒸。鸡味浓厚而无油腻，汤清鲜却不淡薄，瓜的甘甜渗进鸡肉，鸡肉的鲜美释散在汤里，西瓜的清爽芬芳萃取出鸡的鲜嫩柔滑，连骨头里都渗透着吸呒不尽的清鲜甘醇，这才是鸡的本味！

环顾四周，偌大餐厅里桌桌杯盘交错，竟无第二桌有这道名菜。正狼吞虎咽时，忽听得旁边一桌的客人问服务员："他们那个西瓜是什么？我们怎么没找到？"不免暗自窃喜。

据说山东的孔府菜里也有类似的西瓜鸡，而且放的是两只雏鸡，故被命名"一卵孵双凤"。孔府菜和苏帮菜都追求精致典雅，想必有异曲同工之妙吧！

汽锅鸡

　　思念一个人往往会思念起和他一起吃过的一顿饭或者是一件跟他有关的器物。就比如季羡林先生在回忆沈从文先生的时候，想起了从文先生曾请他吃过的一顿相当别致、终生难忘的云南汽锅鸡，尤其是对那只蒸鸡的汽锅记忆犹新。

　　那年两位先生都刚刚回到阔别已久的北平，住得又近，从文先生特意端出了从昆明背回来的汽锅请季先生美餐了一顿。想必季先生是头一次见到这种独特的餐具，四十多年之后还清晰记得："外表看上去像宜兴紫砂，上面雕刻着花卉书法，古色古香，虽系厨房用品，然却古朴高雅，简直可以成为案头清供，与商鼎周彝斗艳争辉。"确实，单凭着这只蒸鸡的器物就能让汽锅鸡傲立鸡群了。难怪汪曾祺先生说："如果全国各种做法的鸡来一次大奖赛，哪一种鸡该拿金牌？我认为应该是昆明的汽锅鸡。"

　　吃鸡，本不是什么稀罕事。东西南北走一遭，鸡的做法不下千种。相对来说，北方人喜欢红亮浓香的重口味，像熏鸡、扒鸡、烧鸡、酱鸡……南方人更乐于突出原汁原味的小清新，比如盐焗鸡、白切鸡、清蒸鸡……其中的佼佼者恐怕非汽锅鸡莫属。

　　汽锅鸡的绝妙之处就在于那只外形扁圆似荸荠，当中间竖起一根喇叭管的紫砂锅。把它架在大蒸锅上，放进不肥不瘦的带骨鸡块无水干蒸，一蒸就是三四个钟头，最终蒸出一盅鲜润的鸡汤。这种烹调方法能让鸡的味道有相当长的工夫缓缓揉进蒸汽，再一滴一滴凝聚成鲜汁，滴落在锅膛里。蒸成之后的那一小盅汤汁浸饱了鸡味儿，把鲜美二字发挥到淋漓尽致，闻起来鸡香扑鼻，看上去却晶莹如水。汤上漂浮的鸡块已经蒸透了桑拿，每一丝皮肉都充盈饱满，再浸在原汤里炖煮，吃起来自是滑嫩无比。这样的汤，这样的味，都源自汽锅之汽，说吃汽锅鸡能"培养正气"也就不仅仅是讨个口彩了。难怪有无数文人雅士为之倾倒，愿意消磨掉整个下午的时光，只为等那一小盅曼妙的鸡汤。

　　很多人都知道这工艺精巧的汽锅是出自建水紫陶，但很少有人想得到它凝聚了东方和西洋两种不同的文化。汽锅里那根底宽口窄的喇叭管是受了19世纪引入云南的欧洲虹吸式咖啡壶的启发，只不过把用沸水产生的压力蒸煮咖啡的原理换成了蒸煮鸡块。最早出现的建水汽锅只是普通粗陶的瓦汽锅。20世纪初，经陶艺大师向逢春的精雕细琢，得以以古朴的造型、精湛的书画、细腻的色泽这三绝成就了现在我们看到的紫砂汽锅，还荣获了 1933 年"芝加哥世界博览会"美术大奖，让一件厨房用品最终成为精美的艺术品。季羡林先生没有说沈从文先生的那只汽锅是不是出自向逢春之手，但从其描述中感觉应该是的。

　　有道是美食美器，食与器完美结合才做得出人间至味，若是再结合了不同的文化那简直就精美绝伦了，汽锅鸡正是如此美妙。

雪花鸡淖

　　汪曾祺先生有篇小说叫《大淖记事》，说他家乡的大淖来源于元代的蒙古语，指的是"一片大水。说是湖泊，似还不够，比一个池塘可要大得多，春夏水盛时，是颇为浩淼的"。的确，在内蒙古有个地方叫巴彦淖尔，意思是"富饶的湖泊"，境内有著名的淡水湖乌梁素海以及众多大湖小泊。可在古汉语里似乎不只是这样，按照《说文解字》的解释：淖，泥也。《左传·成公十六年》里写道："有淖于前，乃皆左右相违于淖。"看来，淖的本意就烂泥。

　　有一次参加个美食类电视节目，主题是致敬经典，要求两位厨师各做一道传统老菜。先上来一位年轻的粤菜师傅做一道菠萝古老肉。另一位年长的川菜师傅点评了两句："你这是改良版的。古老肉哪用番茄沙司熬山楂片的？"意思是做得不够传统，不够经典。粤菜小师傅颇为不服，反唇相讥："你们川菜懂得什么滋味？不就一个麻辣吗？"老师傅较上劲了："今天我还就不做宫保鸡丁了。我来一道一点儿都不辣的老川菜。"正说话间，老师傅已经抄起两个鸡腿剥皮去骨，用刀背当当当捣烂成蓉了。

"这道菜叫雪花鸡淖，怕是你小子连听都没听过。"单冲着这菜名，就知道是道不折不扣的老菜。

紧接着老师傅一口气往鸡蓉里打进五个蛋清，加盐入味，用筷子不断啪啪翻搅的同时一点点往里渗葱姜水——既要去腥又不能让肉懈了，直把那鸡蓉搅得黏腻如泥，再加些水淀粉滋润着。

莲子去芯，山药切丁，半截嫩藕用鲜荷叶一裹使擀面杖拍得酥烂预备着。炒锅里放一点点素油，下进搅拌好的鸡泥，用铲子慢慢推炒。那动作格外轻柔舒缓，似乎带着某种节律，又似乎怕搅碎那渐渐凝固成膏的鸡淖。眼见一团鸡淖变得色如雪花，状似云朵，依次下进莲子、山药丁、碎藕末，加糖，淋鸡油，稍等片刻，只见咕嘟嘟一溜小泡儿冒起，端起炒锅把那雪白的鸡淖轻轻滑进一张刚刚用开水浇淋过的荷叶上。碧绿的荷叶中间顿时生出一朵莲花。好一道雪花鸡淖！

老师傅恭恭敬敬把菜端了过来。嘉宾每人有幸尝上一勺，只觉得舌尖柔嫩如脂，口鼻溢满清香，让人联想起月色下美妙的荷塘，不由得齐声喝彩！

"当初我们家老太太得病，胃口弱，吃别的嚼不动，我

就想起了学徒时候师傅传下来的这道老菜。师傅说过:雪花
鸡淖亦弱亦清,是最柔和的川菜。我见天儿给老太太做这个,
做了三四年……哎!这一晃小二十年没动了。手生了。"老
师傅说着说着,眼圈儿一涩。

　　后来有一次和老师傅同车,聊起那天的事,老师傅淡淡
说道:"好心好意说那小子两句,电视上跟我没大没小的,做
这道菜就是为教育教育他。若放当初在馆子里,早拿铁勺锤
他了。"

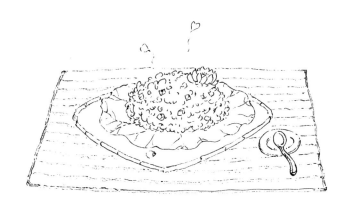

烧香菇

"采蘑菇的小姑娘，背着一个大竹筐……"

采蘑菇是浪漫的。很多人的童年记忆里，看的是小白兔采蘑菇的动画片，听的是银铃似的歌声《采蘑菇的小姑娘》。记得有一次去内蒙，竟然在雨后的大草原上巧遇了传说中的蘑菇圈，经当地人指点：那就是口蘑的前身野生白蘑。于是满怀兴奋掰下了一颗颗小白蘑菇，像是拾起天使散落在绿绒毯上的珍珠粒，中午吃上一大碗亲手采的烧蘑菇，鲜美之极，至今难忘。

吃蘑菇是凶险的。小时候胡同居委会门前的黑板上永远贴着一张画满了蘑菇的宣传画，告诉人们那些蘑菇有毒，吃了就会晕眩、呕吐、抽搐，乃至死亡。感觉好像是越漂亮的蘑菇毒性越大，让人联想起美女蛇。

蘑菇集浪漫和凶险于一身，蘑菇也就顺理成章变金贵了，采蘑菇更透着神秘。

还别说，宋朝的时候真有个人靠蘑菇被封了神。此人姓吴，在家行三，人称"吴三"，家住绍兴庆元龙岩村，有人说他是个道士，也有人说他是个农民。这些都不重要，重要的是他在深山里砍柴时，偶然发现在自己砍倒的树木糙皮上总是能够沿着刀疤变戏法似地滋生出一簇簇棕红的小蘑菇，刀疤越密，蘑菇越多。更不可思议的是，他一时手痒用斧头在枯木上敲敲打打，敲过的木头长出的蘑菇竟然密如鱼鳞，有如神助。

一来二去，吴三竟然总结出了一套采蘑菇的独门手艺，号称"砍花法"和"惊蕈法"。把这些用朽木变出的蘑菇烧着吃，味香赛肉。于是，当地人就把它叫作香蕈，传到今天就成了香菇。日久天长，不仅吴三以此为业，还带动着十里八乡的乡亲们纷纷仿效谋生，从此有了菇农一行，而吴三也被尊为吴三公，成了祖师爷。

一晃过了两百年，到了明朝洪武年间，吴三公的后代采来的蘑菇成了贡品。朱皇帝吃素斋的时候尝到了这化腐朽为神奇的人间美味，一时高兴，封了吴三公一个"羹食公侯"的爵位。万历年间，又封为"判府相公"。在他的家乡，人们还特意为他修了庙，点上香火祭拜。可那无根、无花、看不到种子的香菇是怎么长出来的？谁也说不清，要想多采就只有求神仙保佑啦！吴三公成了菇神。

吃四条腿的不如吃两条腿的，吃两条腿的不如吃一腿的。一条腿的香菇从来不便宜，烧香菇也就成了富贵人家斋菜的首选。

在外人眼里，采香菇的菇农是一群神秘的人。每年秋冬时节，他们身背砍刀、斧头成群结队远赴深山，搭建起叫作蕈寮的小木屋，开始了一冬的营生。有自己的神秘行话——山寮白，有独特的防身武功——板凳花。滴水成冰的寒夜他们躲在画眉笼似的蕈寮里，围着灶窝，烘着香菇，唱起古老的歌谣

日照山间知鸟声，
夜间棚里说古今，
做人要做富人儿，
天晴下雨有得嬉……

歌声凄清而悠远——直到第二年清明节后，"枫树抽芽，丈夫回家"，新烘焙的香菇上市，菇农拿到了辛苦钱，富贵人家的斋菜里又可以添上一道红烧香菇了。

这种栽培香菇的传统技法一直沿用到20世纪80年代，菇农们知道了"砍花法"和"惊蕈法"的原理是香菇孢子的传播，学着直接把菌种钉在树上，发明了"段木香菇"，香菇一下便宜了。到了90年代，木屑代料香菇产生了，烧香菇放下了身段儿，彻底变成了大众菜。

　　河螃蟹属于秋鲜，讲究的是"七尖八团，九月的灯笼籽"。什么意思？就是说七月份的螃蟹挑尖脐的吃。尖脐的是公蟹，吃的是蟹膏，乳白胶黏，浓腻甘甜。到了八月份好吃的是团脐的母蟹，吃的是金黄油润鲜美的蟹黄。等到进了九月秋深，讲究是吃盖子高耸的团脐蟹，揭开盖子，里头堆满了一包橙红的蟹籽，这叫灯笼籽。当然，这里说的月份是指的农历。过了秋天，螃蟹壳空了，再想尝到肥实的螃蟹可就难了。

　　其实还有一种好吃的螃蟹，只是可遇不可求。螃蟹的成长靠退壳，底下一层长起来，把上面一层顶出去，就变成了新壳。当底下那层将要长成还没长成，老壳还在上面的时候，那层新壳的味道就像蟹黄一样好吃。那可要比蟹黄量大的多呀！吃上一个，那才叫过瘾。只可惜这东西只能赶巧，一般人从外表是看不出来的。

　　河螃蟹原本比鱼虾便宜，河湖枝杈里到处都能逮到。江南人用竹条编个篓子往水湾里一插，做个竹闸把水隔开，夜里用手电往水里猛照。螃蟹怕光，纷纷刷拉拉爬上竹闸。捕蟹人拔起竹闸，自然得到一大闸螃蟹，所以得名大闸蟹。现在可好，大闸蟹贵得离谱儿，弄得很多人舍不得吃了。

不管是因为价钱还是季节，广大螃蟹爱好者吃不到螃蟹可又思念螃蟹的滋味，怎么办呢？于是有人琢磨出了赛螃蟹这么道菜，也就是不用螃蟹，却要做出螃蟹的味儿来。

赛螃蟹有很种做法。比较家常的一种是把新鲜鸭蛋略微打散了用姜丝炒，临起锅时烹一小勺香醋上去，鸭蛋最好别打太匀，就要那一块黄一块白的感觉，看上去酷似蟹肉，趁热吃来，鲜里带一丝鱼腥，很有些螃蟹的意味。

从前的大饭庄也有赛螃蟹，不过做起来可要比姜丝炒鸭蛋复杂得多。那是把小黄鱼刚好蒸熟，剥皮剔刺拨出白玉似的精肉，加进泡发的大海米上笼再蒸，入味之后把蒸好的海米挑捡出来，切成碎粒，蘸满鸭蛋黄炒嫩，再和另一份事先炒好预备的鸡蛋清连同蒸透的鱼肉一起下进姜丝炝锅的热油里迅速翻炒，兑进海米汤和蒸鱼汁，勾芡，撒姜，点醋。这道菜做好了简直可以乱真，无论是看是吃，都很难分辨是不是一道熘蟹肉。当然，价格也并不比蒸螃蟹便宜多少。

上面两道赛螃蟹虽说都没螃蟹，但不是用了鸭蛋就是用了黄鱼、海米，多少还沾些水气儿。可我有一次做河北卫视《家政女皇》节目，见赵斌大厨只用胡萝卜、土豆外加两个香菇，竟然也做出一道味美胜似螃蟹的全素赛螃蟹，不由称奇。

印象里他是把等量的土豆和胡萝卜蒸熟了搅拌在一起，并不捣烂如泥，而是使其略微带些颗粒感，加盐、糖入味，打进一个生鸡蛋，撒香菇丝、姜末，下锅翻炒片刻，顺锅边烹上米醋，装盘。那品相，不但有蟹黄、蟹肉、灯笼籽，还夹杂着蟹腿上棕黑色的细丝。尝上一口，和炒蟹肉确有一拼。

当时我就琢磨，究竟螃蟹是什么味儿呢？或许对很多人来说只不过是炒姜烹醋的酸辣鲜，而记不清那唯有细品慢咂摸才能搜罗到嘴的螃蟹味儿。要是这么着，可以大快朵颐的赛螃蟹倒确实比吃真螃蟹来的痛快。

全羊席　烩天棚　烩坎抽　麒麟顶　胡了羊肉

现在聚餐多以粗犷为乐，大盘子大碗都吃不过瘾，索性找个宽敞地方，请位师傅带上烤炉，把整头羊剥皮刷酱，穿在一根铁管子上翻转燎烤。食客人手一刀，待到焦香扑鼻，挥刀片下吱吱冒油的羊肉，蘸上孜然、辣椒粉大嚼狂啃，美其名曰烤全羊。要是再上加煮羊头，就几块羊血肠下酒，临了喝上碗滚烫的羊杂汤，简直就算吃全羊席了。

其实全羊席并没这么简单。依据传统，不是把羊整个做熟了就叫全羊席，更不是炖一锅羊肉就叫全羊席。全羊席的主料当然出自羊身上，但讲究用不同的部位做出不同的菜色、不同的味道。颜色或鲜艳，或凝重，或淡雅；口味或香酥，或润滑，或脆嫩；形状千姿百态，各尽其妙，每道菜都称得上精致。按照《清稗类钞》的记载："蒸之，烹之，炒之，爆之，灼之，熏之，炸之。汤也，羹也，膏也，甜也，咸也，辣也，椒盐也。所盛之器，或以碗，或以盘，或以碟，无往而不见为羊也。多至七八十品，品各异味。"看，多复杂，多精细。

全羊席的菜名更是讲究。那菜单子里找不到通常的炖羊肉、烤羊肉，而是些千里眼、闻草香、云顶盖、顺风耳、烩天棚、巧舌根、玲珑心、烩坎抽、伞把头、白云花、菊花肠、烧明珠、麒麟顶、鸳鸯腰、千层肚、呼狼蚤、银丝肚、拌净瓶、玻璃丝、天花板、西洋卷、羊子盖、金钱尾、双皮鳞、炒荔枝、青香菜、腰窝油、风云肺、竹叶寒霜，等等。听起来富有诗意，又充满了神秘。

兴许有人会问，这都是些什么呀？也难怪，全羊席号称屠龙之技，家厨难当，不少菜已经失传了。有些菜名，一般人连听都没听过，至于做法，更是不明就里。比如所谓天棚，是指羊嘴里的上颚。把二两天棚顺着纹路切成一寸来长，下沸水焯透，像是一根根乳白的火柴棍儿。从炒锅里舀高汤，上火开锅，加料酒，点酱油，勾米汤芡，起锅装盘，撒上胡椒粉、香菜，一道烩天棚便可上席。这道菜讲究瞬间的火候，工夫短了生，长了老，必得是眼疾手快才能做成。

类似的还可以烩坎抽。坎抽，就是羊的天灵盖上的皮肉。也可以烩闻香草，闻香草是带脆骨的羊鼻子。这几道菜做法类似，齿感和味道却截然不同，爱吃爆肚的人一看就明白。

烧明珠好猜，就是烧羊眼，有的菜谱也叫明开夜合。把羊眼一切两半焯透，铁锅里少放素油，葱姜炝锅，倒进明珠，加料酒、酱油、高汤，勾流水芡，做好后就像一颗颗乌黑透亮的珠子。

麒麟顶，是指羊头顶的那片薄肉，削成一寸长的薄片，开水焯透了预备着。炒锅加素油，葱、姜、蒜焌锅。焯好的麒麟顶下进去快速翻炒，加花椒水去腥提鲜，点料酒、酱油，勾流水芡，麒麟顶烧成了。

还有一道菜，听起来很有诗意，叫竹叶寒霜。这道菜是用羊肝做的。把羊肝切成竹子叶似的薄片，浸料酒腌制片刻，用干净布蘸干水分，下热油锅速炸，眼见外表一焦，立马出锅。撒上椒盐，恰似带霜的紫竹叶。

全羊席的菜名都挺有意思，类似的像"鼎炉盖"是羊心，"饮涧台"呢是羊下巴。

有人问了，这些好听的菜里怎么没见正经肉呢？肉当然有，而且做得很精细。就比如一道胡了羊肉。只用羊里脊肉三两，切成小拇指肚大小。裹上湿淀粉，下热油炸酥，捞出去明油，加进葱、姜、蒜、酱油、料酒，勾芡。这道菜虽说简单，现在餐厅里也是见不着的。

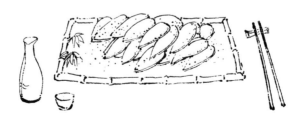

汉语的魅力在于生动，即便菜名也追求这种韵味。有一道很受欢迎的淮扬菜叫"狮子头"，原本和动物园里的狮子没有任何关系，只是因为那三分肥七分瘦的细碎肉丁团成的肉球，表面凸凹蓬松，活像蹲在衙门口那尊石狮子的卷花头，所以得了这么个形象的名字。

在扬州当地，这道菜传统上称为"斩肉"。什么叫斩？就是用快刀利落地切，把一块瘦肥参半的猪肋条先细切再粗斩，干净利索地剁成一颗颗石榴籽似的小颗粒。刀锋下处，容不得肉滑移跑动就已经一刀两断。斩出的肉丁一粒粒方方正正，绝不能歪七扭八，更不能黏烂如泥。这需要些功夫，更需要的是耐心。怕是也只有幽静中带几分慵懒的扬州才能滋养出这份精密的心思。

接下来自然是加作料调味和馅儿。与做丸子不同，斩肉和馅儿的时候不能加淀粉，而只需打进一个蛋清调和滋润，团成茶盏大的肉球放进铺垫着冬笋片的小碗里，盖上片青菜叶子就可以放进蒸锅了。若是能嵌上一小撮蟹粉，就成了更为鲜润的蟹粉狮子头。有意思的是，在扬州做狮子头并不说蒸或炖，而是叫"养"。一颗肥嫩的狮子头是用微火慢慢养上四五个钟头，直到晶莹的肥肉粒似融非融，瘦肉粒粒突起、滋润不柴的地步才能滋味饱满，才算渗透"养"好。富足的扬州，养人，也养菜。

吃这狮子头不动筷子，而是用瓷制的汤匙扛下一块放进嘴里轻啜。那口感嫩如豆腐，又软糯肥腴，鲜洁的汤汁从欲分不分、似合非合的肉粒缝隙里溢出来，涌进嗓子，让肠胃顿觉无比滋养。这就是斩肉最朴实的吃法，吃得出原汁原味的肉鲜，更品得出汤水中融进的那仅属于扬州的清风明月。

若是逢年过节或喜庆日子，讲究要吃斩肉的升级版——葵花大斩肉。就是把斩肉拍成扁圆的厚饼先下到油锅里煎到金黄，表面凸起的肉粒上泛出一层焦煳的麻点，看上去犹如向日葵的花瓣，再用微火慢慢养好。

无论是狮子头还是葵花大斩肉，都不同于北方的四喜丸子。和狮子头的细切粗斩相反，做四喜丸子的肉馅儿要粗切细斩，捣烂成糜。现在更方便了，可以直接用绞好的肉馅儿。和馅儿时除了加葱、姜、酱油等等调料外，可以掺进淀粉，并且要在盆里不停顺着一个方向搅呀搅，直到搅出丝丝缕缕的筋络之后才团成光溜溜的圆球，再下到温油里炸到外表结

出一层硬壳，为求圆润光溜。有的人炸之前还要挂上用鸡蛋
和面粉调成的面糊，所以这道菜有些地方也叫四喜圆子或干
脆叫大肉圆。炸过的丸子盛在碗里，垫上葱、姜，浇上高汤，
再上屉蒸透，四个一组码放在盘子里浇汁，就成了金红浓香
的四喜丸子。

　　狮子头外表粗糙，四喜丸子却光溜圆润。狮子头吃的是
个柔嫩蓬松，四喜丸子吃起来却筋道仔腻。狮子头最好是清
水蒸炖，品味的是肉之鲜腴；四喜丸子先炸后蒸，尝的是浓
重的肉香。狮子头是吸啜着品，而四喜丸子只能大口地嚼了。

　　同样一颗大肉球，南方北方烹饪截然不同，可谓是一方
水土一方滋味。

葱烧海参　大葱　海肠粉　章丘大葱

神农尝百草，发现大葱不仅能解膻、去腥、提香，而且可以中和百味，于是命名为"和事草"，让人们每逢做菜都要加进一些。

山东人对大葱更是情有独钟。"南甜、北咸、东辣、西酸"里的"东辣"说的就是山东人对大葱的癖好。不过，如果您只联想到一条山东大汉攥着根生葱蘸大酱或是卷着大葱啃煎饼，那未免有些片面。在山东人看来，大葱的一清二白颇有君子之风，是过日子离不开的调料，更是可以烹调出阳春白雪的珍馐。源于福山菜的名肴葱烧海参就是这么一道菜。

"要待吃好饭，围着福山转。"福山位于美丽的胶东海滨，那里果香鱼肥，海产尤盛，素来名庖辈出。胶东曾经有句顺口溜："东洋的女人，西洋的楼，福山的厨师压全球。"福山菜口感清淡鲜嫩，意味隽永悠长，尤以烹饪当地特产的海味见长。据说一两百年前，福山的厨子把当地特产的海肠在大瓦片上用微火焙干后磨成粉，做菜时放进一小撮，那味道比现在的味精鲜得多。凭借着祖传手艺和这独门法宝海肠粉，当年京城的"八大堂"、"八大楼"几乎所有的首席厨师都是福山人，而他们的看家菜必有一道葱烧海参。

有道是"南鲍北参"。海参和鲍鱼一样，都非常名贵，也都非常难出彩。海参虽属海中珍品，但本身却不鲜也不香，可以说没什么味道，而且沙多气腥。要经过泡发、炼葱油、蒸、烧等复杂的工序才能让原本长相欠佳的海参涅槃成盘中珍馐。要把这无味之味烹制得层次分明，令人惊艳，完全仰仗着厨师如入化境的手艺。

首先是泡发。胶东人吃海参讲究把干制的刺参泡发得外形透亮，嚼起来弹牙而滑润。发好的海参还要用高汤反复浸泡润味，直到其味道十足。

炼葱油更关键。"如言山东菜，菜菜不离葱。"在这道菜里，大葱不是配料而是灵魂。葱烧海参里的葱，吃起来不觉辛辣反而口感脆甜，这完全仰仗于出产于齐鲁腹地的章丘"大梧桐"葱。这种葱的葱白能有半米长，有股独特的香气，曾被明世宗封为"葱中之王"。一大捆大葱只留葱白，切成和海参一般长短，用温热的大油爆出煳香，立刻放进其他配料，待到葱段炸得金黄，放进香菜根一爆，夹出葱段，滤出渣滓，那一捆大葱就精炼出一小碗馥郁至极的葱油。

滤出的渣滓放在碗里作为铺底，兑上调料上锅蒸煨发好的参，让鲜香充分滋润透了每一处组织的细枝末节。咬开时，每一个断面都呈黑褐色而绝无半点白茬，这才算入透味儿。

再说那煎好了的金黄焦香的葱段，同样也要加上调料和高汤蒸上片刻，为的是让它也浸透了鲜美，吃到嘴里才能分外浓郁。

一系列工作准备停当，到了"烧"这步其实非常之快。油烧热了，放进海参迅速掭勺，作料里高汤、酱油等等自不必多说，还必须浇上两勺刚刚炼好的葱油。别忘了，那才是这道菜的精妙所在。眼见汤汁微收，勾上硬芡，让淳厚鲜浓的汤汁在海参上薄薄地包裹一层，葱香浓郁的轻雾缭绕着海参的乳突，更显油亮。再把蒸得透香的葱段用葱油略煸，码放在参上，均匀地淋上一勺馨香的葱油，让"和事草"的作用发挥到极致，怎不让人食欲大开？

胶东人烧海参与北京人略有不同。北京人做的时候加糖，吃起来发甜。山东当地的这道菜咸鲜微甘，品得到大海的灵动，寻得出醇厚的幽香。齐鲁大地的千般滋味，万种风情，尽在其中。

在欧洲跟团旅行，一日三餐除早餐是酒店的西式自助外，顿顿吃中餐馆的团餐。说来有趣，即使再小的城镇也能找到中餐馆。和餐馆老板闲聊起老外爱吃什么中国菜，得到的答案几乎异口同声——古老肉。

古老肉当属粤菜，那酸酸甜甜的味道既迎合了西方人的舌头，又满足了他们品尝异国风味的猎奇心，很有些东西方交融的感觉。我注意了一下，当地人吃这道菜并不是作为几道菜中的一道分而食之，而是每人一大盘子配上米饭甚至面包津津有味地独享，看着挺过瘾的。

广州是中国最早的通商口岸，广州的餐馆里自清末就有许多西方人往来云集。为了满足这群特殊的食客，一些既迎合了西方人口味又深受西方饮食影响的菜肴也就应运而生了，古老肉就是这么来的。据说这道菜源自北方老菜糖醋排骨。那时广州的洋人们爱吃酸酸甜甜的口味，却又不太喜欢啃那一块块的骨头，于是有厨师按照他们的习惯把五花肉腌制后裹上蛋糊、淀粉炸得酥脆，代替排骨做出了糖醋肉球。这道依古法制出的新菜被起名为"古老肉"。

　　古老肉还有一种叫法是"咕噜肉"。传说是当初餐馆里
凡是来了说话"叽里咕噜"的大鼻子，都给他们上这道菜，
由此而得名。不过也有人说是鸦片战争后，痛恨列强的堂倌
们引自岳飞"壮志饥餐胡虏肉"的诗句，借以奚落那帮吃菜
的洋鬼子，抒发心中的愤懑。当然，洋鬼子们听不明白其中
的原委，只顾呼噜呼噜地猛吃。堂倌们在一旁偷着乐，所以
也有叫"鬼佬肉"的。

　　岁月沧桑，后来许多广州籍的华侨远赴欧洲以开餐馆为
生，于是顺理成章把这道古老肉带了过去。日久天长，竟然
开枝散叶，传遍欧洲每个角落，成为西方人最熟知的中国菜。

　　做咕噜肉要用切成块的猪脢头，也就是猪肩膀上那块肉。
这块肉细腻滑润，腌制后裹上糊炸两遍，吃起来备感丰腴。
倒进配以青椒、红椒、洋葱等等蔬菜勾制的卤汁里薄薄地滚
匀。这芡汁人称"古卤汁"，包含了厨师对味道的理解和把握。
金黄的肉球儿裹着晶莹如琥珀的卤汁，镶嵌着红红绿绿，口
味浓重而鲜明，这就是经典的古老肉，感觉像印象派油画。

　　古卤汁里不仅有糖有醋，还隐匿着烹制古老肉的秘密武
器，那是一种独特的调料——喼汁。喼汁本是舶来品，又叫

英国黑醋，吃起来微辣酸甜，是用大麦醋、糖、辣根、胡椒、大茴香等等几十种作料调配的。这种调料原本源自印度，后来传到英国伍斯特郡，经过改良后大量生产成为有名的西餐佐汁，所以又叫伍斯特沙汁。十九世纪，喼汁经香港传入广州，经过再次改良后很快融入粤菜，成为广州地区特有的作料。古老肉之所以适合西方人口味，用喼汁也是一个重要因素。现在许多餐馆的古老肉不被广州人认可，很大程度上是因为不知道用这件法宝，而用番茄酱代替。口味的事有时很怪，尽管都是酸酸甜甜，但只要差上那么一点，就不是那么回事了。

当初，古老肉本是一道创新菜，百多年后，竟也演变成粤菜中的经典，而且带上了怀旧意味。今天的古老肉衍生出了许多变种，不仅有菠萝古老肉、苹果古老肉，还有裹着一层冰糖壳的水晶古老肉。甚至不光用猪肉，还可以做成古老鸡球、古老虾球、古老斑块、古老豆腐……俨然成了一个走向世界的"古老"家族。

牡丹燕菜　　洛阳水席　　真不同

名菜里要么藏着手艺，要么埋着故事，倒未必用多么稀罕的食材。牡丹燕菜就是这么一道菜：既藏着真手艺，又埋着老故事，所用的食材却是再便宜不过的大白萝卜。

先说故事。公元六九〇年秋，武则天称帝，定都洛阳，改国号为周。各地献上奇珍异宝无数，可女皇大多没看上眼，唯独洛阳城里进贡的一个三十多斤重的大白萝卜让她心头一振。原来，唐太宗死后她被逼入感业寺为尼的时候曾被人加害服毒，并弃之荒野。也是造化，没死透的武才人半夜竟被冷雨打醒，忍着剧烈的腹痛爬进了一片萝卜地，拔起一棵大白萝卜一通狂吃。萝卜确实有解毒的作用，武才人就这么活了过来。

看着萝卜，武则天感慨万千，命人做成宴席上的头道大菜，以示不忘过去。可这预示着祥瑞的大白萝卜总不能蘸着酱吃吧？幸好一位御厨手艺高超，把大萝卜切得细如龙须，又经过九蒸九晒等繁杂的工序后再用高汤煨制。直把一棵萝卜做得质如白玉，状若云朵，雍容华美，味赛海鲜。女皇尝后不禁惊艳，夸赞道："这哪里是萝卜？简直赛过燕窝！"从此，这道萝卜菜就叫成了燕菜。萝卜本是粗菜，经过千刀万剐，洗尽铅华，竟也磨砺成了堪比燕窝的珍馔。

相传当时的宴席共上菜二十四道，而且道道汤汤水水，寓意周武王朝如水运悠长，名曰"水席"。这也就是现在"洛阳水席"的前身。繁华一时的王朝只如云烟过眼，而长留在洛阳的倒是餐桌上这道晶莹剔透的燕菜。

转瞬千年。一九七三年秋，周恩来总理陪同加拿大总理特鲁多来到九朝古都洛阳，厨师们端出了这道流传千古的燕菜，还用精薄的蛋皮雕琢了一朵嫩黄娇艳的牡丹摆在燕菜中央。周总理看了高兴地说："洛阳牡丹甲天下，菜中也能生出牡丹花来，应该叫'牡丹燕菜'。"就这么着，"燕菜"前面加上了"牡丹"二字。

故事只是噱头，真要坐下来吃时讲的还得是口味。洛阳做水席的店很多，而百年老店"真不同"是最出名的，二十四道菜道道汤汤水水，这道牡丹燕菜依然是水席中的头牌，堪称靓绝。工笔画一样的牡丹燕菜不仅手艺精到极致，而且用料全、味道足——白萝卜切得精细如丝，浸泡沥干后拌上绿豆精粉，配上海参、火腿、笋丝、鸡脯等等细料反复蒸制入味，然后下进高汤，佐以醋、白胡椒粉等调料，再装点一朵娇艳夺目的蛋皮牡丹，盛在小盆里端上餐桌。那份气度雍容恰似盛唐艳装的贵妇，让人不忍心动筷，生怕破坏了这典雅华贵的作品。小心翼翼夹一缕萝卜丝嚼嚼，绵滑爽利，脆中有韧；再用汤匙舀一口清汤尝尝，一股别致的酸辣香郁，荡气回肠，杀口利嗓，整个人也一下子轻松起来。

之后的菜品吃完一道换一道。什么连汤肉片、焦炸丸子、酒酿山楂……如行云似流水，虽都是些汤水菜，却也囊括了煎、炒、烹、炸多种技法，酸、辣、甜、咸不同味道。一席下来自是吃得满腮生津，从舌尖到咽喉像是经历了一场与盛唐的艳遇，浑身上下暖融融的，心也被感染得微醉了。

毛肚火锅　毛肚　重庆火锅　有渣火锅

　　重庆的夏夜，闷热难当。被骄阳烘烤了一天的山城泛起阵阵热浪，裹挟长江和嘉陵江的水汽形成潮雾，熏蒸着街巷的每一个角落，黏糊糊粘在皮肤上。烦躁的人们仿佛置身于巨大的火锅里，坐不下，睡不安。于是，大家摇着蒲扇成帮搭伙倾巢而出，寻求除烦排燥的最佳方式——气吞山河地烫上一顿香浓热辣的毛肚火锅去！

　　所谓"毛肚"，是长得像毛巾似的水牛胃。把它裁切好，连同牛杂、牛舌、牛血旺，以及猪黄喉、鸭肠等等下杂，按照个人口味先后放进赤红浓辣的滚热汤锅里烫着吃，这就是重庆火锅了。或许是因为其中毛肚的味道最为脆香鲜嫩，比其他食材更胜一等，也有人统称为"毛肚火锅"。

　　这种吃法原本是清朝末年嘉陵江边那些连粗糙的水牛肉都吃不起的纤夫、船工们打牙祭的方式，炊具也只是简单的瓦罐。直到上世纪三十年代才从担头移到餐厅里，成为桌上赤铜小锅中的美味。今天的毛肚火锅已经发展成重庆人共享同乐的饮食风尚，所烫的食材比从前自然丰富了太多，不但增加了肥牛、鸡肉、鳝鱼这些细料，还有了木耳、香菌、粉条等素品，可却唯独少见北方人爱吃的羊肉。大概是因为覆盖着厚厚牛油的老汤太烫，鲜嫩的羊肉下去即刻变老的缘故吧！

毛肚火锅撩人心绪，不用进店就能闻到股浓烈的火锅香，那是见血封喉的海椒、拔不出舌头的花椒以及郫县豆瓣酱和永川豆豉等等调料浸在老汤里熬煮出的特殊香气。混合着牛油味的浓香穿透湿漉漉的稠雾钻进人们的鼻腔，挑逗得食客味蕾绽放，不由得三步并作两步冲进店来，围坐在中间镶嵌着白铁火锅的大圆桌旁。但见锅下烈火熊熊，锅内红汤翻滚，一群人虎视眈眈举杯挥箸，把各种配菜投入锅中烫熟，捞出来蘸着麻酱、蒜泥调配的酱料一通狂吃，直吃得男人们赤膊上阵，女人们面色潮红，那吃相大有梁山好汉的气度。一通激情澎湃之后，个个汗流、泪流、口水流，身体里积蓄了一天的浊气随着小河似的汗水倾泻出去，心里说不出的畅快。

火锅并不是人人会吃。头一次吃，感觉只有两个字——"干辣"，似乎点燃了口腔，烧燎着肠胃，让人不由得吐出舌头喘着粗气，除了五内俱焚就再没什么感觉了。不过重庆人却能在剑拔弩张之中分辨出七滋八味——或麻辣、或鱼香、

或怪味……因为那红亮浓稠的老汤里隐匿的调料包罗万象，据说足有八十多种，很多调料本身还经过了复杂的酿造过程，如郫县豆瓣酱。这许多调料相互渗透融合，况且汤锅上桌时并不滤去这些底料，是所谓的"有渣火锅"，其滋味之复杂多变可想而知。

烫食的方法也有许多说道，若想吃得顺口需有相当的技艺。比如毛肚、鸭肠，煮久了嚼不烂，火候不足又生又腥，怎么才能恰到好处全凭经验。不过也有个仅供参考的诀窍，就是用筷子夹着"七上八下"，看到毛肚起泡、鸭肠打卷就差不多合适了。再有就是烫的顺序，讲究是先涮柔嫩的鸡片、腰片，再煮蹄筋、鹅掌、肉丸，而血旺、粉条、腊肉等等易混汤或有特殊味道的食材则要放在最后。而且一次不要烫太多，随烫随吃最好，否则就生熟难辨了。

酣畅淋漓地烫上一顿毛肚火锅，从里到外被熏得麻辣浓香，汗涟涟地到朝天门看看大江东去，之后慢悠悠地溜达回家。不过还不能就这么立刻睡了，若是不彻底洗个澡，那浑身上下的火锅味儿第二天都消散不净。

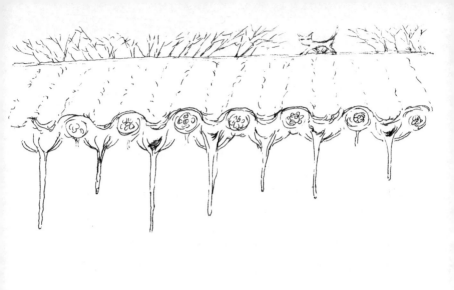

西餐讲究餐后甜点，中餐讲究席间甜菜，无不为了调节口味，增添乐趣。吃饭，图的就是个乐呵。

说到趣味，品类众多的拔丝菜数第一。脆嫩的拔丝苹果、水灵的拔丝西瓜、清爽的拔丝莲子、香糯的拔丝栗子、松软的拔丝面包……它们包着金黄澄明的糖衣被滚烫地端上来，七八双筷子一起上，顷刻拉出了一根根晶莹闪亮、柔若长发的金丝。顺势夹到边上盛满清水的白瓷碗里，转眼根根金丝瞬息凝固，扎里扎撒、支棱八翘的，像是一件晶莹剔透的现代艺术品。

拔丝菜始于何时不得而知，做法基本上都是把切成小块的干鲜果品炸了，下进砂糖熬成的糖浆里一滚，眼见着火候到家迅速装盘。根据烹饪工艺的不同，拔丝菜又分成不挂面糊和挂糊两种。不挂面糊的如拔丝山药，应该算是拔丝菜里的经典。据说唐朝李密和魏徵商量攻打荥阳的时候，厨师端上来一盘拔丝山药，李密心急夹起就吃，结果嘴里烫出个大泡。而魏徵在凉水碗里蘸了蘸再吃，外脆里嫩，甜香利口，还拔出了亮晶晶的长丝，于是二人悟出了"心急吃不了烫山药"的道理。

山药是容易买的大路菜。很多人在家也想做拔丝山药，不过往往拔不出丝，结果做了一盘子糖炒山药。其中的要领，按照清代薛宝辰《素食说略》所说是："以油灼之，加入调好的冰糖起锅，即有长丝。但以糖炒之，则无丝也。"看来就是一个把握油温的变化和速度的问题。再有，做拔丝菜，锅一定要非常干净，火也不宜过旺。

挂糊的拔丝菜里比较有特色的是内蒙古的拔丝奶豆腐。奶豆腐，蒙古语叫"胡乳达"，是熬制奶皮子剩下的奶浆发酵后凝聚而成的干乳制品，绵软细韧，乳香浓郁。裹上蛋清发面糊，炸到金灿灿时下到糖浆里迅速颠匀，盛在抹了油的盘子里端上来，就可以拔出千条金线、万缕柔丝，拉不断扯不断。轻轻咬碎那晶莹的糖壳，里面的奶豆腐香糯柔嫩，微甜微酸，而且不腻不膻，有股奶酪特有的乳香。"拔丝羊尾"就更是人间绝品，咬裂那层精薄的脆壳，里面只有一汪鲜腴的清汤，那是羊尾融化成的汁液。

拔丝菜的至高境界恐怕要算拔丝冰核了。酒店里的做法是把蛋清抽打成泡沫，加干菱粉和成高丽糊，团成核桃大小的圆球放进温油里炸后再撕开，塞进冻得棒棒硬的冰块，用蛋糊封上，然后下进油炒的糖浆里迅速裹糖。而在东北民间的做法，是把隆冬时节房檐下挂着的一根根"冰溜子"掰下来砸成小块拔丝，所以又叫"拔丝冰溜子"。

冰溜子是北方独特的景物。冬日的暖阳照射下，屋顶上的冰雪静静融化，顺着房檐一滴滴流淌，没等掉落下来就又凝聚成冰，渐渐形成了一根根倒悬着的冰塔，长短不一，晶莹剔透。

就是这冰清玉洁的冰溜子，砸成大大小小的冰块，在面粉盆里迅速摇成一颗颗雪白的冰疙瘩，飞快地下进油锅里炸，迅速地挂上熬好的糖浆，麻利地上桌拔丝蘸水。放嘴里一咬"咯嘣咯嘣"响，冒出一股冰凉的白气——冰还没化呢！

要问这拔丝冰溜子的味道：甜、凉，没了。吃这道俏菜的意义恐怕更多的是玩味，捎带着也考验一下厨师的手艺。

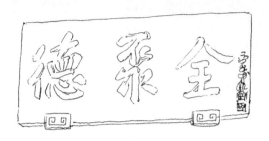

　　"逛故宫，吃烤鸭"已然成了外宾来北京必干的两件事。要说起来，这两件事还真有联系——都是随着明朝朱棣迁都来到北京的。不过那时候烤鸭并不叫烤鸭，而是叫"炙鸭子"，或者称为"南炉鸭"。

　　我曾亲眼目睹了一位烹饪大师依古法制作"大明炙鸭子"。是用一柄三股钢叉把一只腌制好的鸭子串起来，举在明火上不停地翻转烤炙，直到鸭子焦香酥嫩。之后撕成一条条的，夹在用同样方式烤炙的空心烧饼里吃。当然，烤饼用的不是钢叉，而是把十几个烧饼坯贴在一张有着长柄的大铁铛上举着烤的。炙鸭子的味道着实不错，只是效率太低，若有十几桌客人等着吃，怕是伺候不过来，这大概正是它被淘汰的原因吧。

　　后来，有了焖炉烧鸭，讲究"鸭子不见明火"。是用点燃的秫秸放入地炉里烘热炉膛，将十几只鸭子排放在铁箅子上关紧炉门，全靠炉壁的热力将鸭子烘熟。焖炉湿度大，鸭子走油少，烤出的肉暄嫩饱满、汁液充盈。北京有名的便宜坊现在还传承着这种老手艺。

当下流行的大多数烤鸭并非焖炉，而是挂炉——把十几只鸭子一并排挂在果木柴点燃的明火上烤炙。熊熊炉火把鸭皮下的脂肪彻底熔化，油水"滴滴答答"流个不停。师傅手握两米多长的挑杆，不断调换鸭子的位置。鸭子出炉时，但见他后手抽杆，前手一扭再用力一拉，枣红通亮的鸭子就借着惯性被悠出了炉门。

有意思的是，挂炉烤鸭子并非干烤，而是在鸭坯的膀子下开个小洞，从这个洞取出内脏，吹鼓鸭身，灌进清水，之后再用丝线缝合，并用秫秸堵上鸭屁股。炉火一烤，清水沸腾，蒸汽把鸭膛胀鼓，鸭皮也撑开变薄。这样吃起来自然是外皮焦香薄脆，而肉却柔嫩滋润。

挂炉烤鸭的流行，得益于大名鼎鼎的全聚德。清末，前门外肉市胡同有家卖猪肉和生熟鸡鸭的小店，掌柜杨全仁见到焖炉烤鸭生意好，于是另辟蹊径，请到了御膳房专管烤猪的孙小辫儿，借鉴了烤小猪的方法改良了烤鸭，发明出了这道享誉世界的名菜。凭着这手绝技，全聚德也发展成了百年名店。只是这道菜最初并不叫烤鸭，而是叫烧鸭子。烤鸭的大名是从上世纪三十年代才叫起来的。

　　北京烤鸭的经典吃法是用荷叶饼裹上鸭肉，抹上甜面酱，夹上葱丝，这种吃法是当初烤鸭从南京经过大运河传进北京的过程中在山东受到的影响。您看，那荷叶饼不就是一张精致的煎饼吗？而那抹酱夹葱的方式，无非是煎饼卷大葱的精细化。煎饼卷葱夹肉的吃法，衍生出的不仅是烤鸭，还有春饼，其实便宜坊最初就是卖春饼的盒子菜的。

　　烤鸭还可以有其他吃法：可以夹在两面酥脆的马蹄烧饼里；可以把鸭肉蘸上用鲜酱油泡上的蒜泥，配上爽辣的萝卜条……各有各的味道，各有各的情趣。

　　吃烤鸭最好在秋天，那时的鸭子最肥美。一只鸭子片出百十来片丁香叶，每一片上都有肥，有瘦，有皮。夹起一块鸭肉放进嘴里，不用嚼，什么也不蘸，只是咂摸着，吸吮着，那份香醇酥润顷刻消融于唇齿之间，留下满口的丰腴和一缕幽幽的果木香。

茄鲞

《红楼梦》是一座文化大观园,不仅随处可见精妙的诗词,还点缀着满纸生香的美味。其中描述最详的,就数那道让刘姥姥摇头吐舌的茄鲞。

茄鲞怎么做?书里凤姐儿说得清楚:"把才下来的茄子把皮签了,只要"净肉",切成碎丁子,用鸡油炸了,再用鸡脯子肉并香菌、新笋、蘑菇、五香腐干、各色干果子,俱切成丁子,用鸡汤煨干,将香油一收,外加糟油一拌,盛在瓷罐子里封严,要吃时拿出来,用炒的鸡瓜一拌就是。"谁读到这里都会暗咽口水。

有意思的是,这道名菜在书卷里藏了两百年,经历了世间多少繁华多少梦,却未见哪家饭庄、酒楼把它开发出来。直到上世纪八九十年代,一些餐厅相继推出"红楼宴",茄鲞才被端上了餐桌。不过吃的人也都成了刘姥姥,没尝出什么茄子味儿,倒觉得油乎乎地吃了一盘子酱爆鸡丁,不免大失所望。

仔细想想,书上的做法其实未必是味儿。这道菜用料过于庞杂,虽以茄子命名,茄子反倒成了点缀。特别是加了各色干果，把那些菌、笋、腐干的清香全盖住了。调配一道菜和调配一服方剂一样，也讲究"君臣佐使"，好食材杂烩在一起未必就是好菜。再说，亲手做过烧茄子或笃鲜茄的人都懂，茄子切后必要晾晒，直到蔫了才能用。若是不晾，封在茄子里的水分太大，吃到嘴里跟嚼棉花桃子似的。若按书上写的，把鲜茄子削皮切丁炸了再用鸡汤煨上半天，没等到糟油搅拌就快煮成茄泥了。

难道说曹雪芹写错了？

要弄明白什么是"茄鲞"，首先要明白什么是"鲞"。"鲞"的本意是鱼干，比如黄鱼腌干后的黄鱼鲞。再比如《随园食单》里的糟鲞，是冬天把大鲤鱼腌干了放入酒糟封在坛子里制成的。由此衍化，蔬菜腌干后也可以称做"鲞"。元代的《居家必用事类全集》里的"造菜鲞法"，就详细描述了怎么腌韭菜鲞。《随园诗话》舒敦批语里还提到萝卜鲞："承恩寺瓶儿辣菜极佳，萝卜鲞尤妙。"通常说的"茄鲞"就是茄干。乾隆年间丁宜曾所撰的《农圃便览》里专门记载了"茄鲞"的做法："立秋茄鲞：将茄煮半熟，使板压扁，微半盐，腌二日，取晒干，放好葱酱上面，露一宿，瓷器收。"那时候交通不便，京官外放一路上风餐露宿，随行家厨常常带上几坛子茄鲞，老爷吃饭时拿出来配上当地采买的鸡肉、猪肉一炒，就是一道不错的下酒菜，所以茄鲞也叫"路菜"。

再说《红楼梦》里的茄鲞。有人说原本没有这道菜，是王熙凤故意杜撰出来捉弄刘姥姥的。俞平伯先生也说，这是给世人开的一个玩笑。不过，在戚蓼生序本里的这段文字有所不同："你把四五月里的新茄包儿摘下来，把皮和瓤子去尽，只要净肉，切成头发细的丝儿。晒干了，拿一只肥母鸡，熬出老汤来，把这茄子丝上蒸笼蒸得鸡汤入了味，再拿出来晒干。如此九蒸九晒，必定晒脆了，盛在磁坛子里封严了，要吃的时候拿出一碟子来，用炒的鸡瓜子一拌就是了。"这种做法颇似现在洛阳燕菜腌制萝卜的工艺，吃起来又和"路菜"用法类似。或许，这才是曹雪芹的本意吧？

"茄鲞"还有另一种象形的解释。南方有一种黄瓜似的小茄子，煮熟拍开，扁扁的像小鱼干，有些地方人们把这叫"茄鲞"，不过，这和《红楼梦》里的描述更是相去甚远了。

鲃肺汤

石家饭店

　　人对于菜的记忆有时是和某件事紧密联系在一起的。就比如鲃肺汤，总能让我联想起"非典"的时候和几个同事被困在木渎古镇的情景。那天正午，大家郁闷地路过一家古朴的馆子，不知谁打趣道："今朝有酒今朝醉，不如进去大吃一顿！"进店忽抬头，见一块牌子上印有短文一篇，题目是《于右任与鲃肺汤》，我们才知道自己误打误撞地进了名满江南的石家饭店。

　　于老先生《归舟木渎犹堪记》里的鲃肺汤是扬名已久。不过一行人中谁也没尝试过，更没人见过身世神秘的鲃鱼。胖乎乎的服务员顺手一指，原来大玻璃缸里优哉游哉的那些圆脑袋、肥身子、白肚皮、只有手掌大小的小家伙就是大名鼎鼎的鲃鱼！可我们怎么觉得这披着灰黑斑纹的鱼儿是宣传画上有剧毒的河豚呢？

　　经理一边帮我们点菜，一边用带着吴腔的普通话给我们讲起鲃鱼的故事："喏，鲃鱼呀，我们苏州人叫斑鱼。桂花开的时候成群结队游到木渎边上的太湖里，桂花一落，就无影无踪了。这鱼抓回来会生气的，一生气就鼓成个大泡泡，所以又叫'泡泡鱼'。"美妙的江南，连鱼儿也是浪漫的。

"这么有意思！那是不是做出菜来也要厨师先尝呀？"大家被这有趣的鱼儿吸引着，联想起了许多诡异的传说。

"你以为是河豚呀？河豚有毒，需要尝的，特别是鱼肝，毒性最大。鲃鱼没有毒，不必尝。而且味道最鲜美的地方就是肥嘟嘟的鱼肝，烧鲃肺汤用的就是它。"

"不是肺吗？"

或许是觉得我们的问题太弱智了，服务员白了一眼说："鱼哪里来的肺呀？是当初于老先生把'斑肝汤'听成'鲃肺汤'，写了诗发表在报纸上，也就约定俗成叫下来的。"大家若有所思地琢磨着肝和肺的时候，她已经麻利地转身下单去了。

鲃肺汤是一席菜中最后上的。乳白色清汤上点缀着几根嫩绿的豆苗，漂着一层薄薄的淡黄色油花，圈圈点点的汤面上游着几颗粉白色"大蚕豆"，这就是珍贵的鲃肺。泛着鱼香与胡椒味的鲜汤，让人想起了"拼死吃河豚"的故事，不由得面面相觑，加之"非典"阴影笼罩，更感觉到几分异样。

转念一想，去他的，爱谁谁了。于是纷纷用汤匙小心翼翼舀上一颗鲃肺入口，确是肥嫩之极。轻轻一抿，极醇极厚的膏腴瞬间融化，只留下一丝隐隐带些鱼腥的鲜滑飘荡于唇齿间。想必是那鱼儿为产卵而储备的丰富脂肪都蕴藏在鱼肝里，才滋养出这般的美味。再轻轻拨开汤上的浮油，喝上一口带着肥美鱼油味的清汤，香醇里透着细腻，嚼嚼几小块紧致的鱼肉，那不温不火的腴润仿佛熨慰了肺腑，正如木渎古镇的意象——古雅、恬静，又带着几分隐匿于桂花深处的莫测神秘，让人迷离恍惚间暂时忘却了烦恼，大有"与尔同销万古愁"的意境。怪不得费孝通先生喝过这汤后欣然提笔写下了"肺腑之味"。

正像有惊无险地喝到鲃肺汤一样，后来我们有惊无险地回到家。之后我去过苏州多次，但再也没到过木渎，也再没有喝到过那嫩醇鲜腴、解愁排忧的鲃肺汤了。

391

　　马介休是什么？也许很少有人知道。不过，只要您到过澳门，就一定会听到这个生僻的名字，品味到它朴素中深藏的鲜美。

　　遥远的伊比利亚半岛，当年曾有个以渔为生的民族叱咤海上，带着离不了的腌鳕鱼转了大半个地球来到东方，偏偏看上了南海边上这个小渔村。他们安营扎寨，在灵巧的哪吒庙旁建起了雄伟的大教堂，也在这儿的厨房里尽情烹饪着美味的腌鳕鱼……五百年风雨飘摇，教堂只剩下残缺的前壁伫立在街巷深处，人们把它叫大三巴牌坊，而那来自大西洋的腌鳕鱼则改了个名字落地生根，变成澳门独特的食材——马介休，永远留在澳门的餐桌上。

　　马介休的吃法千变万化。可以切碎了拌上香草、蛋黄、洋葱碎，和上熟土豆泥揉成球炸透，这就是街巷旁的小摊上都能买到的炸马介休球，透着欧式的优雅与灵巧。趁热咬上一口，外皮如芋角般酥脆，内里松软而咸香，裹着热气尽情咀嚼吧，满嘴鲜香四溢。还可以做成金黄色的马介休炒饭。这炒饭只见米粒却看不见鱼，因为那鱼已经全都撕成了细丝，

吃
货
辞
典

吃上一大勺，鱼的味道完全融在饭粒里。当然，最简洁的吃法还是香煎马介休，香脆的鱼皮，咸香的肉，越嚼越有味道。那无法复制的霉香让人忍不住咂舌舔唇，仿佛每一个味蕾都探索到了深邃的大海。

海的味道是苦咸的，硬邦邦的马介休也是苦咸的，吃之前必须要用清水浸泡上两三天才成，中间还要不断换水稀释，之后再用鲜奶浸润。原本齁咸的马介休缓缓伸展开，变成一片片柔滑的鱼肉，幻化出奇特的咸鲜，既有老腌之厚味，又有鲜鱼之甘美。据说澳门的马介休已经淡了许多，正宗葡萄牙的马介休要比这咸上四五倍。

在民政总署大楼前有一个不大的广场，当地人叫议事厅前地。大楼旁有一家叫新帆船的老餐厅，直接上二层就可以吃到地道的葡国菜了。招牌菜当然离不了马介休。这里的马介休非常别致——一个椰子似的面包，烤得焦黄酥香，中间掏个圆洞，满满地灌上滚烫的淡忌廉糊，上面铺个生鸡蛋，里面浸润着切成丁的马介休和土豆等菜蔬，叫做"农夫忌廉马介休"，感觉上很像广式的"煲"，只不过把砂锅换成了圆头圆脑的大面包。用那略显拙朴的大钢勺舀一勺子汤汁尝尝，滋醇味浓中带着淡淡的香滑，香得朴实，香得自然而然。而那饱吸了汤汁的面包，松软适口，吃起来更是别样的精彩。

　　这时，不妨再来一份马介休汤。这汤清澈似水，上面甩了个鸡蛋，浸着两块面包皮，看上去简单得不能再简单，朴素得不能再朴素；可只要喝上一口，就会忍不住低头仔细端详它，那咸鲜恰似无底的大海，莫测深幽中透着不可言传的美妙。汤里的马介休粒更是鲜嫩而弹牙，咀嚼起来总感觉意犹未尽。简单的汤水，诠释了马介休的精髓。

　　出了餐厅，走在碎石铺成路面的广场上，但见黑白两色的砖石巧妙拼接，铺设出起伏的波浪奔涌向街巷的尽头，然而那波涛已然止息，只留下依稀可辨的古老节奏。广场两旁的欧式建筑古旧而沉稳，像一位位静立的老者，娓娓诉说着岁月的故事。

　　海是咸的。马介休是咸的。岁月，或许也是咸的吧？如果寻味一种食物来代表澳门，我想就该是马介休。只有它，才藏得下这片土地独特而厚重的历史；也只有品味它，才能感受到那如盐岁月中不尽的苦咸与鲜美。

开水白菜　樟茶鸭子　漳茶鸭

　　川菜给人的第一反应往往是辣得流眼泪，麻得吐舌头，仿佛不这样就不能称其为川菜。其实四川人吃辣椒是清朝同治年间才开始的，直到光绪时候辣椒才成为川菜调料中的主角。

　　古老的川菜滋味极其丰富，除了与辣有关的麻辣、鱼香、糊辣、酸辣、红油等口味外，还有咸鲜、姜汁、陈皮、烟香、椒盐、怪味、蒜泥、椒麻……足以让人眼花缭乱。而且正像老舍先生在《四世同堂》里借坏蛋冠晓荷之口所说的："真正的川菜并不辣！"就比如川菜中的极品——开水白菜，其令人惊叹之处恰恰在貌似平淡却适口充肠的白开水里。

　　说开水白菜素雅，喝起来又觉得非常浑厚；说浑厚，看上去又确实清纯，感觉是入口沉稳，杀口挂嗓，咸鲜中藏着缥缈的甜。能有这玉露似的口感，奥秘全在那开水一样的汤里。别看它瞧上去清澈透明，却韵味丰富，是用鸡、鸭、肘子、火腿、干贝等材料经过极其烦琐的工艺吊制多半天才做出来的。不见一星油滴，没有半点悬浊。那汤中的白菜必要选叶绿肉厚的大白菜，拔去叶子，只留中间最娇嫩的菜心，用滚烫的清汤从顶上精心浇淋。待菜心逐渐散开，再继续浇，直到菜心完全熟软。取中间的两片嫩芽放进汤碗，缓缓加进新汤，让娇嫩的菜芽悬浮在透亮的汤中，犹如荡漾的清水芙蓉。整个烹饪过程中，厨师必须始终舒缓平静，让这份心境也融化在清醇的汤中。食客轻轻抿上一口清汤，从口腔到肠胃每个犄角旮旯都温润熨帖，怎能不为之赞誉呢？

开水白菜可谓是汤菜中的无上境界，而它的发明者就更为传奇——他出身名门，晚清时中过秀才，供职过光禄寺，得过四品顶戴，先后做过清朝和民国三任县长；他喜诗书，好字画，可又兼烹调大师，曾被慈禧称做"御厨"；他开创了被誉为"仙品"的川菜宴席"姑姑筵"，让社会名流垂涎三尺；他拒绝过蒋介石的订席，可一九四二年他过世时，蒋介石却送了他"无冕之王"的挽幛。他就是川菜大宗师黄敬临先生。品大味近无味。恐怕也正是因为黄先生有如此跌宕起伏的经历，才能琢磨出这道融极繁于至简，于平凡中现绝妙，呈现出中华料理神韵的开水白菜。开水白菜的名号朴实得近乎自然。自然本身不正是大雅的化境吗？

如果您到高档川菜馆，不妨点上一道开水白菜，它可以让食客被花椒、辣椒麻木了的味觉苏醒，浑身上下每一根神经、每一个细胞都感受到清风似的抚润。

话又说回来，这道菜真不便宜，也很不大众。如果是您买单千万慎重，倘若碰到个老饕自然叫好，可万一被不识货的当成清汤娃娃菜，也只能辜负了您的美意。要是那样的话，倒不如给他点一只樟茶鸭子解馋。那也是黄老先生发明的不辣的川菜。

樟茶鸭子本应写成"漳茶鸭"，是黄敬临年轻当御厨时将满汉熏鸭改用福建漳州进贡的嫩茶叶熏制，经过腌、烫、蒸、炸等等工艺烹饪出来的名肴，算是御膳房第一道川菜。这道菜深得慈禧青睐，专门用来招待外国使节。后来传到民间，其如入化境的鸭香茶韵，特别是那扑鼻的奇香让人们猜测它是用香樟的叶子熏出来的，也就以讹传讹把"漳"字写成了"樟"字。更有意思的是，后来大多数厨师望文生义，真就用樟叶和柏枝、锯末熏制，而用漳州茶叶的反而少之又少。渐渐约定俗成，也就变成了樟茶鸭子。

　　"三不粘"，简单地说，就是一种升级版的煎鸡蛋，讲究是要不粘盘子、不粘筷子、不粘牙，因此而得名。

　　做三不粘的食材非常简单，只用鸡蛋黄、白糖、绿豆粉、大油，顶多再加上一点桂花卤子。不过做好这道菜并不像炒鸡蛋似的是个人就会，而是需要相当的手艺。在位于北京西城三里河的老字号同和居里，三不粘是正儿八经的招牌菜。

　　这道菜的大致做法是先在生鸡蛋黄里加上白糖，点上桂花卤子，用清水和绿豆粉调匀了在旺火上用大油不停翻炒。炒的时候，要不断缓缓淋进融化了的大油，同时打出点儿来砸进空气，直炒得油充分融进蛋浆液，水分彻底消散，淀粉炒出柔韧，锅里不见了明油，看那蛋液透亮鲜艳，用铲子按一按感觉充满弹性才算到家。炒得的菜顺锅倒进盘里，瞧一瞧状似凝脂，闻一闻蛋香扑鼻，恰似滑落盘子的一滴大大的金露。用筷子挑一挑不粘筷子，嚼一嚼不粘牙齿，品一品甜爽滑嫩。吃过以后，唇齿留香，菜吃光了再看那盘子里干干净净，真是一道令人感动的佳肴。

　　别看这么一道用简单食材做出的甜品，其中的故事实在太多了。有说早在北宋时河南安阳就有了，后来随大宋南迁传入临安，成为南宋文人思念故国时必吃的家乡菜，恰似滴落盘中一颗大大的思乡泪。有说是当年乾隆皇帝下江南路过安阳，品尝了甜菜桂花蛋，发现这道菜既不粘碟子，也不粘筷子，还不粘牙，一时高兴，赐名"三不粘"，并且让御膳房的厨子学了回到宫里给自己做着吃，成为清宫御膳上的甜品。还有传说是当初陆游的母亲为了刁难儿媳唐琬所出的难题，非让这位会作诗的小姐做出一道不粘筷、不粘盘、不用嚼就能咽的菜来。唐琬急中生智，做出了这道芳香四溢、绵甜香滑的三不粘。不过香甜的菜肴粘不住这段姻缘，有情人也只在沈园的粉墙上留下了两首百转愁肠的《钗头凤》。

以上传说，大多年代久远，无据可考。比较靠谱的说法是，道光年间北京广和居有一位厨子，把做芙蓉鸡片剩下的鸡蛋黄和上白糖、绿豆粉，用油煎了，发明出一道甜品，当时取名"软黄菜"。后来李鸿章的小女婿、张爱玲的爷爷张佩纶尝到这道菜，根据它不粘碟子、不粘筷子、不粘牙的特点改名为"三不粘"。菜名写在菜谱上，食客们觉得蛮有意思，都喜欢点上一盘尝尝，渐渐竟成了这家店的特色菜。后来广和居歇业，厨师大多被另一家老字号"同和居"请了去，三不粘也就被带了过去，不想竟然成了这家店的看家菜。

三不粘口感甚佳，但最好浅尝辄止。毕竟用现代的眼光看，这道菜有些"三高"——高油、高脂、高糖。

顺便提一下，在老北京的菜谱上是见不到"蛋"字的。比如醋熘木须、摊黄菜、甩果儿汤其实都是鸡蛋做的。类似地，把蛋炒饭叫"木樨饭"，鸡蛋糕叫喇嘛糕，甚至把生鸡蛋叫"白果"，生鸭蛋叫"清果"等等。很多人认为这是因为"蛋"字不雅，其实是不知其所以然。究其原因在于，清代以前宫里出去采买的都是太监，而太监是阉人，非常忌讳提"蛋"，卖家为迎合他们，只好特意回避，后来渐渐约定俗成，也就都跟着这么叫了。

桃花泛

康乐餐厅

天下第一菜

　　吃菜讲究个"色、香、味、形"，眼、鼻、嘴巴里同时享受良性刺激，自然是胃口大开。耳朵一般感受不到菜的存在，大部分菜都是安安静静地端上来，谁也不会唱歌哼曲儿的。不过也有个别菜肴，能让食客在赏美色、闻奇香、品好味的同时，耳朵也不闲着，调动五官充分体验菜的精妙，就比如这道桃花泛。

　　桃花泛应该源自鲁菜的海鲜锅巴，只不过所浇的芡汁里没有干贝、鱿鱼、海参，而只是用了桃花盛开时节从外海洄游进渤海湾里甩子的春虾拆解出脆嫩的虾仁。这一时节冰雪初融，阳光普照，水质清湛，海水中的微生物和藻类稀少。春虾生长迅速却少受腥气的干扰，味道格外新鲜。用那虾脑煸出的嫣红油脂，加上糖、醋、姜丝等调料熬成滚烫的浓汁，当着食客的面"刺啦啦"挥洒在炸得酥香的散碎锅巴上。白雾升腾，酸溜溜的甜香蹿入食客的鼻腔，焦黄的锅巴上漫溢了红汁，点染着粉红的鲜仁，宛如窗外妖娆的桃花；芡汁浸润锅巴时发出的"噼噼啪啪"的爆裂声，又仿佛远处隐隐作响的春雷。好一道艳丽鲜甜、有声有色的桃花泛！观之啖之，怎不让人如泛舟于无尽的春海里？要不怎么承受得起这个娇艳绝伦的名字？

桃花泛是一道老菜，民间还有一种写法是"桃花饭"，形容桃红色的虾仁浇淋在米饭锅巴上色泽红润的样子。后来不知是谁给改成了"泛"字，让这道乡土菜一下子风雅起来。

上世纪六十年代初，北京康乐餐厅传奇主厨常静女士对这道菜进行了改进。她在调汁时用了番茄，配料里点缀了翠绿的青豆、乳白的玉兰片、嫩黄的菠萝丁和琼脂似的鲜荔枝，不但味道更加酸甜丰富，而且吱吱作响地浇在用大米、小米、黄豆面精制而成的牙色锅巴上，红、黄、绿、白交相呼应，正如春光之绚烂。

康乐餐厅原本不大，只有三张桌子，被老饕们风趣地称为"三桌饭店"。这道菜往桌上一端，往往是香气盈室，四座无比惊艳。凭着这道桃花泛和常静师傅的手艺，康乐引来了无数名流竞相光顾，其中就包括陈毅、郭沫若、夏衍，甚至还有当时的苏联驻华大使。在那个不甚开放的年代，英国《泰晤士报》竟然专门派记者采访，写报道夸赞常师傅的厨艺。

令人不解的是，康乐餐厅历经几次搬迁后竟然在世纪之交不知所终了。现在想尝尝桃花泛只能去王府井北口的鲁菜名店翠华楼。

江南有一道"天下第一菜"，和这道桃花泛十分类似。所不同的是，卤汁里不仅有虾仁而且有鸡丝，熬卤的汤用的也是鸡汤，还有那虾仁，是江南河湖里的活虾拆解而成。据说它的诞生得益于陈果夫。

这道菜因为卤汁浇在锅巴上噼啪作响，原本叫"平地一声雷"，后来陈果夫在镇江担任江苏省主席时搞了一次菜肴评选，他觉得这道菜兼顾了"声、色、香、味、形"，而且鸡、虾、锅巴、番茄这四种食材里蕴含诸多对称——动物与植物的对称；中式锅巴与西方番茄的对称；动物中水与陆的对称；虾之屈与鸡之傲的对称；锅巴性燥与汤汁性温的对称……可谓是不偏不倚，体现了中华文化的精神实质，不愧为天下名菜。加之镇江有号称"天下第一江山"的北固山和"天下第一泉"的中冷泉，所以就改名为"天下第一菜"了。因此也有人认为桃花泛属于苏菜系。

不过对于食客而言，才不管你是什么菜系，好吃，才是硬道理。

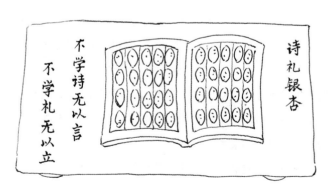

诗礼银杏

不学诗无以言

不学礼无以立

诗礼银杏　孔府菜　御笔猴头　阳关三叠

食材讲究产地地道。比如川菜必用自贡的井盐，鲁菜非使章丘的大葱，甚至能讲究到具体哪一片地或哪一棵树上的出产。孔府名肴"诗礼银杏"就是这么一道菜。

走进山东曲阜的孔庙，穿过东路的承圣门，会见到一座古朴的屋宇，这便是始建于宋代的"诗礼堂"。《论语》里记载了这么个故事：一次，孔子看见儿子孔鲤匆匆而过，就问："你学《诗》了吗？"孔鲤答："没有。"孔子说："不学《诗》，没法与人交谈呀！"于是，孔鲤赶紧回去学《诗》。又过了些日子，孔鲤又一次从父亲面前走过，孔子问："你学过《礼》了吗？"孔鲤答："没有。""不学《礼》，没办法立身处世。"听了孔子的话，孔鲤赶忙退而学《礼》。"不学诗，无以言；不学礼，无以立"——"诗礼堂"的名字就是这么得来的。

诗礼堂前幽静的院落里有两棵宋代的古银杏，左雄右雌，虽经历千年风雨，却至今枝繁叶茂，蓊蓊郁郁。每到金风送爽的秋季，满树金黄的小扇子下面依然能结出一串串胖大饱满的果实。

　　那一年，乾隆第二次来到孔庙祭拜，衍圣公孔昭焕正在一边吃饭一边发愁，琢磨着给皇上做点什么菜才能既彰显孔府的特色又让皇上觉得新鲜。这时，仆人端上一盘甜品，但见其一粒粒通透得像琥珀似的果子酥软香甜，香甘异常。衍圣公眼前一亮，问道："这是什么菜呀？"

　　"这是用诗礼堂前那棵银杏树的果子做的蜜蜡银杏。"是仆人答道。

　　"这个好！这个好！素雅清甘，醒神明目。只是名字不好。不如改叫'诗礼银杏'吧！"孔昭焕有了主意。

　　从古至今，孔府菜都算得上是中华饮肴文化的至高境界。在孔圣人眼里，吃不仅仅是填饱肚子，更是和修身养性紧密联系在一起的重大问题，以至于有"割不正，不食。不得其酱，不食"的话。自宋仁宗封孔子后裔独享衍圣公封号时起，历代统治者必要到曲阜"祭孔"，而衍圣公们为了接待皇帝，也在饮食上下足了功夫，不仅要做到"食不厌精，脍不厌细"，更要想方设法彰显出深厚的家学底蕴。比如孔府菜中用猴头蘑为主料的"御笔猴头"，做得像古代皇帝批阅公文所用御笔；而用鱼肉、虾肉、鸡肉配海带做出的"阳关三叠"，三层分为不同的颜色，寓意着《论语》的"君子有三戒"。而这"诗礼银杏"的名字，起得更是绝妙，既体现了诗礼相谐的境界，更蕴含了亘古不变的儒雅情趣。

乾隆品尝后果然大赞，对世代不衰、"诗礼传家"的孔氏也越发心生敬意。若干年后，还把自己的女儿嫁给了孔昭焕的儿子、第七十二代衍圣公孔宪培为妻，这是后话。

从那时起，孔府的厨师们每年都会把诗礼堂前的银杏果收藏起来。烹调的时候，剥去果壳用水泡发开，小心地撕去薄薄的脂皮，拨去苦涩的果芯，再用开水焯去苦涩气，控干了下进炒得喷香的猪油和蜂蜜里慢慢煨透，加进冰糖水收汁，做出色如琥珀、酥韧香甜的孔府名馔"诗礼银杏"。

取一粒牙色的银杏粒入口，尝着冰糖和蜂蜜的甘馥，体会松软酥韧的口感，感受着那独特的千年幽香。轻嚼细品间，恍然回到了遥远的古代，像一个迟到的学生匆匆穿过棂星门，静立在诗礼堂前古老的银杏树下，听到不远处杏坛传来朗朗的读书声："人不知而不愠，不亦君子乎……"

索 引

吃货辞典

文学家里多 "吃货"

周云磊

美食与美文之间有着一种天然的联系。凡大文学家往往也是美食家，无论是留下一道千古名菜东坡肉的苏轼，还是写下一本《随园食单》的袁枚，抑或是写下一本《大仲马美食词典》的大仲马，莫不如此。归根到底，在追寻美食和创作之间，有一个共同的本质，那就是对创造力的追逐，以及对自由的渴望。2012年诺贝尔文学奖得主莫言曾在演讲中多次提到自己当年的作家梦，一个直接的理由就是当了作家可以天天吃饺子。许多经历苦难的人都清楚，刻骨铭心的饥饿感，对于追逐自由的灵魂来说无疑是一种束缚，此时只有美食才能让灵魂得解放。

崔岱远先生懂美食，也长于写美文，他的《吃货辞典》延续了此前《京味儿》《京味儿食足》等作品的风格，由商务印书馆这家以出版辞典闻名的百年老店操刀，掀起了一股新的美食风潮。不同于《舌尖上的中国》对菜品的直观呈现和故事化讲述，崔岱远先生这本新书采用小品文的样式，仿佛每一道菜都是他的老朋友，娓娓道来，如数家珍，讲述菜品与生活血脉相连的纽带关系，让读者在轻松的阅读之中，感受绵绵不绝的滋味。

　　《吃货辞典》涉及了部分菜肴的制作方法，但并不是一本菜谱。有关一道美食的知识与掌故，都浓缩在作者看似不经意的讲述中，变成美食体验的一部分，抒发的是那份追求美食的"吃货"情怀。崔岱远先生生长在北京，京味儿文化在他的文字间得到了充分的体现。他的短文有一个突出的特点就是俊帅，文字多是短句，读起来朗朗上口而又情绪饱满，一如他的为人，谦和、风趣，又淡然、雅妙。当然，或许也和他与现代传媒的密切联系有一定的渊源，虽然他的本职工作是出版社的文字编辑，但创作的内容有相当比例是呈现在电视、广播上的，这些文字靠的是声音的魅力，因此他的行文也更多了一份韵律感。

　　《吃货辞典》不是美食地图，虽然一些菜肴指明了地域和店家，但没有迎合一些读者对美食指南的需求，没有提供详细的信息，更无法按图索骥。如果你想直接感受一下其中的菜品，还必须二次搜索才能完成。从这个角度来看，似乎这本书有点不够意思，但它的魅力也恰恰在此。由于崔岱远先生将主要的功夫用在娓娓道来的讲述里，就是这种弥散在字里行间的滋味，牵动着你的舌苔味蕾，牵动着你的儿时记忆，抑或是人生中那些不经意的时刻，让你读完一篇文字之后，浑身散发着一种坐立不安的饥饿感。那种急切地想让你走入厨房，或是走到街边摊、饭馆里的冲动，又不仅仅是为了满足口腹之欲，而是为了对自我的一次再认识，为了对曾经过往的一种重温。这正是作者的高明之处，引发了人们对美食、美妙人生的向往。

《吃货辞典》的核心指向对人的关心，这是一本写给"吃货"的书。对于一个合格的"吃货"来说，美食的工艺、技术，美食的地理分布都应该不在话下，好比是基本的素养，因此写给"吃货"的书，更重要的是情怀，是美食背后的文化和中华文明的营养源泉。滋味中的世界，连通着文明的起点，"吃"背后的文化更是被许多方家研读不息。这正应了崔岱远先生的那句话"最多情人间烟火"。因为文字中点滴呈现的"多情"，让本书在诸多美食文学作品中呈现出独特的俗世情怀。

站在一个吃货的角度品读此书，你感受到的绝不仅是美食，更是人生的智慧、传统社会的哲学，以及中国人独特的生活品味。

后　记

　　后记，照例应该说些感谢的话。

　　能有这本《吃货辞典》，首先应该感谢的无疑是新浪微博。在新浪微博上我邂逅了商务印书馆学术编辑中心的同业倪咏娟女士，竟发现彼此都喜欢琢磨吃，而且话赶话聊出了这么个亦庄亦谐的书名——"吃货辞典"。之后，不断完善调整，一路写了下来，最终有了这本关于怎么吃、在哪儿吃的小册子。查了一下记录，那一天是二〇一一年七月十九日，暑往寒来的，转眼已经两年多了。

　　接下来应该感谢的自然是倪咏娟女士。作为一名敬业的编辑，小倪不仅策划了选题，而且在本书的体例、内容上用尽心思。一年多来，网上网下和我反复沟通和讨论。最可贵的是，我每完成一篇都会第一时间发给她看，而她总会热切地鼓励，并真诚地谈出自己的感受和建议。她全程参与了本书的酝酿和创作。如果没有她的辛勤努力，也就没有这本名曰"辞典"的小册子。在这里真诚地说一句：感谢你！小倪。

　　再要感谢的是商务印书馆的美编李杨桦女士。她在翻阅书稿之后做出了一个令我惊喜并感动的决定——主动为本书手绘近百幅精美的插图，让本书成为了一件艺术品。

　　更应该感谢的是商务印书馆——一家百余年来始终保

持着学术氛围的出版机构，中国现代出版就从这里开始。作为一名编辑，我始终有个梦想，就是"有朝一日能在商务出一本书"。现在，这个梦想实现了！诚惶诚恐的心情难以言表。当然，这本书不能算是学术著作，只是供热爱美食的朋友们闲暇时阅读的通俗读物，充其量是一本饮食文学作品集，其中提到的这些中华美食也只能算是蜻蜓点水。

最应该感谢的是我的新浪微博上那几万名全国各地未曾谋面的"粉丝"。两年多来，是你们一直陪伴着我敲击键盘到深夜。每当我发出一条关于美食的微博，都会收到十几、几十，甚至上百条的评论。是你们为这本书提供了充足的养分和鲜活的素材，使这百十来种各地吃食蕴含了朴实的民间真味，也使这本书接地气，五味出，字生香。

吃，是让人高兴的事。但愿这本名为《吃货辞典》的小册子给您带来些许乐趣——或寻味佳肴之美，或玩味小吃之乐，或品味生活之暖。

二〇一三年金秋

增订版后记

　　《吃货辞典》出版以来，受到广大书友欢迎，接连重印六次，而且入围了"中国好书"榜，作为作者自然是非常欣慰。很多书友说，看着看着就饿了，半夜起来开冰箱找吃的。哈哈，尽管这不是我的本意，但听着还是挺高兴的。不过也有一些书友认为，内容少了一点，地域集中了一点。"咦？怎么就没有我们家乡的什么什么呢？"这是读者提的最多的问题。于是我又增补了十几篇，主要是东北、华北、西北、西南的美食。加上原来的那些，现在总共是 101 篇。

　　中国的饭菜千千万，101 篇仍然是远远不够的。好在这本书不是菜谱，也不是导吃地图，它想说的是饭菜背后蕴藏着的丰富情感和讲不完的故事。现在倡导文化自信，我想，最深层的文化自信就在我们的饭菜里。好在文化的意味往往是相通的。就像大伙儿爱吃的饭菜尽管食材不同、味道各异，但基本都是小时候妈妈做的。所以不必再多写了，反正无论怎么写也写不尽中国饭菜之丰盛。

101 是一个奇妙的数字。101 是三位数里最小的质数，它代表着入门，代表着永无止境。蕴藏在饭菜里的故事，说也说不完，而这本书只是最基本的入门而已。

二〇二一年夏

图书在版编目(CIP)数据

吃货辞典/崔岱远著;李杨桦绘.—增订本.—北京:
商务印书馆,2021(2024.6重印)
ISBN 978-7-100-19616-1

Ⅰ.①吃… Ⅱ.①崔… ②李… Ⅲ.①饮食—文化
Ⅳ.①TS971.2

中国版本图书馆 CIP 数据核字(2021)第 036004 号

吃货辞典
(增订版)
崔岱远　著

李杨桦　绘

商 务 印 书 馆 出 版
(北京王府井大街 36 号　邮政编码 100710)
商 务 印 书 馆 发 行
北京市十月印刷有限公司印刷
ISBN 978-7-100-19616-1

2021 年 12 月第 1 版　　开本 787×1092 1/32
2024 年 6 月北京第 3 次印刷　印张 13½
定价:59.00 元